U0427643

积极压力

用神经科学应对压力

[日] 青砥瑞人 著　陆贝旋 译

ストレスがあなたの脳を進化させる

在本书中，作者根据神经科学和心理学等知识，以尽可能简单易懂的方式解释了人类为什么会有压力反应，以及其意义和作用是什么。作者认为，压力虽然使人痛苦，但它对我们人类来说是一种重要的养分，能够保护我们，使我们更加强大，帮助我们成长。在我们的体内，压力为我们发挥着作用。这样的压力我们是无法消除的，因为压力反应对于生物和人类来说，正是自然法则的一部分。作者希望我们能够从科学的角度了解压力，能够对压力更亲近一些，从而形成“要和压力好好相处”的积极态度。这样做不仅能够减轻压力、让我们感到更轻松，而且能够帮助我们利用压力更好地成长，获得幸福。

图书在版编目（CIP）数据

积极压力：用神经科学应对压力／（日）青砥瑞人著；陆贝旎译．—北京：机械工业出版社，2023.3
ISBN 978－7－111－72572－5

Ⅰ.①积… Ⅱ.①青… ②陆… Ⅲ.①压抑（心理学）-通俗读物 Ⅳ.①B842.6-49

中国国家版本馆CIP数据核字（2023）第012667号

机械工业出版社（北京市百万庄大街22号　邮政编码100037）
策划编辑：坚喜斌　　责任编辑：坚喜斌　陈　洁
责任校对：龚思文　张　薇　　责任印制：李　昂
北京中科印刷有限公司印刷

2023年4月第1版·第1次印刷
145mm×210mm·9.125印张·1插页·171千字
标准书号：ISBN 978－7－111－72572－5
定价：69.00元

电话服务
客服电话：010-88361066
010-88379833
010-68326294

网络服务
机　工　官　网：www.cmpbook.com
机　工　官　博：weibo.com/cmp1952
金　书　网：www.golden-book.com
机工教育服务网：www.cmpedu.com

序 言

化压力为“武器”

一听到“压力”这个词，我们的脑海中似乎只会浮现出一种负面的印象。

的确，压力使人痛苦。但实际上，它也是一种重要的养分，能够保护我们，使我们更加强大，帮助我们成长。

在我们的体内，压力为我们发挥着作用。这样的压力我们是无法消除的，因为压力反应对于生物和人类来说，正是自然法则的一部分。

但无形的压力也使我们不安，让我们望而生畏。这也是我们作为生物会产生的一种自然反应。因为自远古时代以来，我们总是对自己不了解的事物保持警惕，以此提高生存概率。

然而，随着科学技术的发展，这种压力不再一定是看不见的了。**神经科学正在对这种压力的内在机制进行追根溯源的研究，甚至已经深入到细胞和分子的层面。**

在本书中，我将根据神经科学和心理学等知识，以尽可能简单易懂的方式来解释人类为什么会有压力反应，以及其意义和作用是什么。希望本书能够成为我们的日常生活和压力之间的桥梁。

希望大家能够从科学的角度了解压力，能够产生“哦、原来‘压力’能够帮助我们”这样的想法，对压力感到更亲近一些，并且能够形成“要和压力好好相处”的积极态度——这是我创作本书的初衷。

这样做不仅能够让我们感到更轻松，而且能够帮助我们利用压力更好地成长，获得幸福。

压力有点像一个看上去凶巴巴的邻居大哥，似乎难以接近，但是只要和他稍微说过几句话就会发现，他其实是个特别好的人。是的，**我们得花点时间才能和压力成为心意相通的朋友。但当压力真正为我们所了解，成为我们最棒的伙伴时，它就会变成一个非常可靠的存在。**

压力并不只是个麻烦，它也有很多魅力。

压力的消极面往往更容易受到关注，因此，为了让人们意识到压力也有积极的一面，我将书名定为“积极压力”。这是一个略显矛盾，又合乎道理的标题。

积极看待压力，实际上正是让我们能够做到与压力同行的一大要诀。

我怀着诚挚的希望创作本书。愿压力的积极意义能够呈现在聚光灯下，愿更多人的一生能够因此得到充实。

如何有效阅读本书

本书不是科学专业书籍。本书关注的重点在于如何应用我们从科学角度获得的知识。因此，希望读者朋友能够尝试在阅读过程中同时建立诸如以下能够应用于自身情况的假设：

“也许那个时候的那件事就是因为这样才会发生的！”

“原来如此，下次也试着这样做吧！”

“从现在开始就要培养这样的意识，养成这样的习惯。”

不要纠结什么是“正确答案”，如果你觉得就该那么做，那么请珍惜这种直觉，并且付诸实践，探索属于你自己的与压力共存的方法。

新的科学发现是伟大的，但不是万能的。所谓的“唯一答案”并不存在，这世上充满了未知。这是理所当然的，因为每个人的 DNA 都不同，成长的环境也不同。本书为你提供的探索自我的启示，只能说是一种辅助手段。所以，请放松一点，这是一场寻找提升自我之路的冒险，希望大家在阅读中感到期待和雀跃。

话虽如此，书中还是会出现一些有点复杂的科学原理，为了尽可能地让读者适应，我们的编辑和插画师帮了大忙，将这些要点以插图的形式展现。插图虽然是非语言信息，却内含丰富的意思。所以当你看到插图的时候，请一定要问一问自己：“它的象征意义是什么？”并且将其与自身所学相联系。在每一章的最后，或者某一段内容结束时，请合上书，回想一下看过的插图，同时也回想一下与之关联的信息。这应该会帮助你非常有效地学习本书中的知识。

另外，在本书的最后，我准备了变压力为“武器”的练习册，它能够把压力变成保护我们的武器。这是在学生、学校教师和大公司职员的培训中实际使用过的工具。如果你在本书中掌握了一定程度的理论知识，那么我希望你能有效利用这些理论知识，并且能够把它们应用到实践中。

更加有效的方法是与志同道合的伙伴结成团队，共同进行这种实践。关于这方面的“团队合作”，在本书的最后也有涉及，这部分内容应该会成为解答“如何设计能够化压力为动力的情境”这个问题的启示。诸如此类有机的、多面的积极压力的研究，一定会为大家打开新世界的大门。

目 录

第1章 认识压力 / 027

——为什么我们的身体里安装了压力系统?

第2章 减缓“黑暗压力”/061
——科学利用大脑和身体的特性

导　言

“面对压力”意味着什么

——在有限的人生中，你希望你的大脑记住什么

面对压力的第一步：将注意力转向“内在”世界

要和压力打好交道，首先必须暂时性地远离它，研究我们的意识到底指向哪里。正如下文将会解释的那样，一个人把注意力放在哪里，其实与压力有很大的关系。

首先，请观察你所关注的对象在哪里。此时此刻，你的注意力可能就在这本书上。但也有可能你正在考虑稍后的午餐该吃什么，或者你正对刚刚收到的客户投诉耿耿于怀。

工作资料、学习用的教科书、畅销书籍、身边的老师和父母、上司和下属、客户，或者食物饮料、电脑和智能手机——你会发现自己的注意力总是在这些地方。

这些人、事、物属于我们的“外在”。**我们大多数时间都生活在“外在”世界。**

但是，我们所关注的对象不仅存在于“外在”世界，也存在于“内在”世界。从肚子饿不饿到想不想睡觉，到现在的想法和感受，回忆过去经历的时候、畅想未来的时候，我们的注意力都会指向“内在”。

然而，我们在回顾一天的生活时会发现，比起注意力指向“内在”的情况，我们关注“外在”的时候恐怕要更多。这也许是时代潮流的影响。

现代社会使我们脱离“内在”世界，引诱我们进入“外在”世界

随着包括科学技术在内的各种技术的发展，人类已经创造了许多充满魅力和刺激性的事物。它们为我们提供了娱乐，让我们学到了新的知识，当然也为人类的进步与发展做出了贡献。但是，也许正是这些强烈的、诱人的刺激物，引诱着我们从“内在”世界走向“外在”世界。

你的生活不也是如此吗？从早上起床到晚上睡觉，你在与人交往的过程中、在工作和学习中都在不停地接触“外在”的信息。而在其他时间，你的注意力也会被电脑和智能手机等“外在”的刺激物所吸引。不知不觉间，你的大部分注意力都被“外在”的刺激物所占据，直到最终入睡。

当然，这并不意味着“外在”刺激是不好的。相反，在接受“外在”刺激的同时我们也在关注“内在”世界，并且在这个体会和思考的过程中，产生了新的知识和思想。这也与人的成长息息相关。

此外，如果我们只接收来自“外在”的信息，而不做任何思考，那么我们的世界就会被“外在”的刺激物所垄断。不关注“内在”世界，而一味接受“外在”刺激，这样的状态会阻止我们的进步，甚至剥夺我们的幸福。

“与自己的‘内在’世界和‘外在’世界和谐相处的人”
与“像僵尸一样只接受外在刺激的人”

我们所学的知识存储于自己的“内在”世界。而为了将信息存储于自己的“内在”世界，我们必须关注这个“内在”世界，否则，它就无法成为我们所学知识——所获得信息的一部分。

如果只是听过一堂课，这并不意味着课上讲的所有内容都会被大脑记住。只有当听课时**传入大脑的“外在”信息被转化为“内在”信息，并且作为“内在”信息被输出，这些“外在”信息才会成为一个人真正学会的知识。**

知识和幸福存储于我们的“内在”世界

虽然我们倾向于认为幸福存在于“外在”世界的某处，但有关幸福的情绪反应绝对是发生在我们“内在”世界的。无论我们产生了多么幸福的情绪反应，如果无法意识到这个事实本身，也就是说，如果我们无法关注到“自己的‘内在’世界正发生有关幸福的情绪反应”这个信息，那么我们就无法感受到幸福。

所以，**如果陷在诱人且刺激的“外在”世界无法自拔，那么我们极有可能失去很多获得成长和幸福的机会。**

在史前时代，太阳落山后世界一片漆黑，只剩下篝火和月亮的微光，它们自然而然地邀请我们走入自己的“内在”世界。

这引导我们走向“内在”世界的邀请，给予我们作为人类的感觉和感性，滋养了我们的想象力，让我们能够回忆起那一天所感受到的快乐，回味那份幸福，这记忆已深深地印刻在脑中。

我们无法阻止这个世界向着便利化发展的趋势，而这样的趋势本身也是值得欢迎的好事。但我们决不能忘记，重要的信息就在自己的“内在”世界沉睡，它对我们的成长和幸福至关重要。

如今，尖端企业在“外部”世界不断创造着迷人的事物，但它们也在吸纳“正念”和冥想等培训方法，关注“内在”世界。这一定与现代人类关注对象的本质，即“外在”对“内在”的强大诱惑力相关。也许这些企业也已经意识到了关注“内在”世界的重要性。

本书的主题——压力，也正是产生于我们“内在”世界的东西。为了与压力好好相处，我们当然不能被困在“外在”世界，而是需要与“内在”世界对话，即与我们自己对话。

正是通过与便利的“外在”世界接触，同时更好地面对自己的“内在”世界，人类才能获得更大的成长，并且更容易感受到幸福。

大脑能够处理的信息不到千分之一

为什么本书的开头就强调我们不仅要关注“外在”世界，还要关注“内在”世界的重要性？这是因为我们的大脑无法一次性处理大量信息。

我们的大脑下部有一个名为 **RAS（Reticular Activating System，网状激活系统）** 的结构体。科学家们已经确认，在 RAS 中存在多达约 100 个**神经核**。这意味着 RAS 是传递各种类型信息的结构体之一。

已知 RAS 有助于一系列人体功能的发挥，包括自主神经系统、行为、感觉、认知和情感。[1]正如其字面意义，它就像一张网，将各种各样的信息汇集到一起。

大脑认知信息的过程

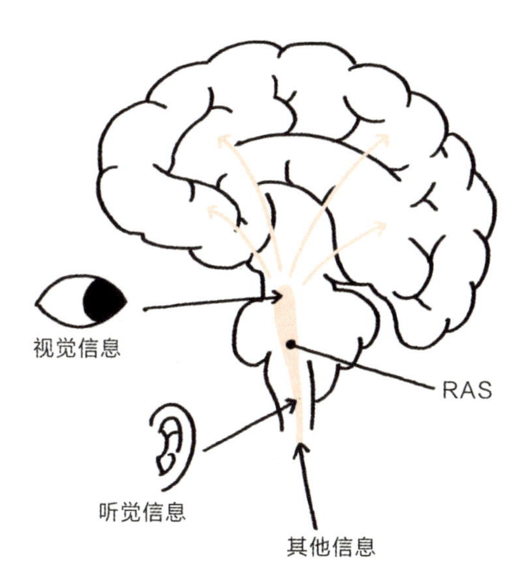

但是，来自我们“内在”世界和“外在”世界的信息，并不会全部被我们意识到，也不会全部为我们所学习。

为了能够意识到某一事物，或者学习有关它的信息，我们需要把已经被传递到大脑下部 RAS 中的信息进一步传递到大脑上部的结构体，如被称为大脑边缘系统的学习中枢结构，或者负责思考的前额叶皮质。

有研究表明，RAS 一秒钟能传递大约 200 万比特的信息。然而这其中能够到达大脑上部的，即能够成为我们的认知对象的信息，一秒内最多只有 2000 比特，也就是说**大脑只能处理大约千分之一的信息**。[2]

我们的大脑只能处理它所接收到的信息的千分之一——听到这样的结论，谁都不愿相信吧！

假设你现在正在一个咖啡馆里阅读本书。那么实际上，你的眼睛应该接收了不少视觉刺激，它们可能来自于你身边的桌子、湿巾、咖啡和杯垫，在你周围走动的店员、窗户上的人影和窗外行人。你的耳朵应该接收了大量的听觉刺激，如身边人的声音、店员的声音、行人的脚步声、店内播放的背景音乐、婴儿的哭声，以及咖啡豆被研磨、牛奶被蒸煮的声音等。

当然，别忘了从你面前的咖啡中升起的浓郁香气。不仅如此，还有来自你所穿的衣服的触觉刺激，恐怕直到这个瞬间它才刚刚在你的意识中浮现——是的，来自于你所穿的、本应被认定为触觉刺激的衣服。然而，除非我们有意识地给予关注，否则衣服是不会被作为某种刺激物的。眼镜也是如此。

环顾四周，感受一下，你会发现自己周围存在着无数的刺激和信号。

即便如此，现在你的注意力却几乎都被本书占据了。这对于本书作者来说，真是值得庆幸的事。

我们肯定每秒钟都在接收不可估量的信息。但实际上和我们真正有关系的世界、信息和刺激不到其中的千分之一，甚至说不定连千分之一这个预估都过大了。

重要的是，你想把宝贵的注意力放在什么样的信息上

一定有很多人都已经开始意识到，我们的关注对象其实相当有限。

如果你实在无法体会这一点，那么请在网站上检索“Test Your Awareness：Who dunnit?”，并且观看这个视频。在这个视频中你将见证我们所见之世界是有限的。其实我在大学里也学过诸如“人类注意力的局限性约为其所接收信息的千分之一”的知识，但相较之下，在某次讲座中观看这个视频让我更深刻地理解了这种局限性，并且更加意识到应该如何引导自己的注意力。

我们能够关注的对象，即那些能够被传递到大脑上部的信息，是非常有限的。这就意味着我们必须更加认真地考虑和选择自己想要与之产生联系的信息、刺激。

如果我们什么都不考虑，当然会被强烈的刺激和诱惑性

的信息所吸引，以至于在不知不觉间一天到晚都在看智能手机。当然，智能手机没有错。只不过，我们需要注意：让我们无意识中沉浸于外部刺激的机会是在增加的。如果我们选择按照自己的意志利用其所具有的便利性和功能性，那么它们反而能够扩大我们的世界。

关键在于，我们在任何特定时刻所能参与的世界是如此有限，以至于我们需要在某种程度上以自己的意志和想法来对希望大脑处理的信息进行选择和取舍，从而创造自己的人生。如果我们只把这些工作交给“外在”世界，那就太浪费了。

这是因为，**如果我们没有自己的意志，不加思考，只是一味地让来自“外在”世界的信息通过自己的大脑，那么那些到达大脑上部的信息就会以“记忆痕迹”的形态在大脑中造成物理性的变化。**我们的大脑会被这些自己无意识中选择的“外在”信息所占据。

显而易见，我们所关注的对象已经被输入大脑，这些被输入的信息切实地成了我们的一部分。日复一日，如果我们经常看那些挑人毛病、责难别人的新闻，经常取笑和批判他人，我们的大脑过滤器就会变得精通于这种吹毛求疵的伎俩，导致我们会为了一个与自己无关的世界而积攒压力。谁会想要这样的生活？

所以本书才反复强调，**应该多创造机会，让自己重新审视：我到底想把宝贵的注意力放在什么信息上？**

如果没有这样的意识，我们的注意力就会轻易地被诱人的、刺激的“外在”信息所垄断。但事实上，除此之外还有其他容易引起我们关注的信息和刺激，这也是人类大脑的一种倾向。

我们应该在掌握这些大脑的倾向性的基础上，重新考虑自己应该把有限的注意力放在哪里。

大脑总是特别容易被消极事物吸引

正如前文所述,我们的大脑很容易关注“外在”世界，而且它的关注对象其实很有限。不过，**我们的注意力其实还有另外一个特征，那就是特别容易被消极事物吸引。**

这种特别关注消极事物的倾向，是由名为“前扣带回皮质”(Anterior Cingulate Cortex，ACC）的大脑部位所引发的。前扣带回皮质也被认为是大脑检测错误的部位，善于挑错查漏。[3]

这个功能在人类进化过程中十分重要。因为当人遇到原本不存在于自己大脑中的信息时，如**未知的动植物等，如果不好好处理，甚至可能直接导致死亡，因此大脑会将此类信息检测为错误，并且发出警报。**

有意思的是，学过脑解剖学的人都会发现，脑解剖学只定义了前扣带回皮质的检测错误功能，却没有定义检测快乐或者检测其他好事情的大脑功能。

当然，这并不意味着我们的大脑不具备发现好事和快乐的功能，只能说没有哪个特殊的大脑部位是专门检测快乐的。借助前额叶皮质的功能，有意识地发动自上而下的“下行注意力”（Top-down 注意力），我们是能够发现积极事物的。

这里的重点在于，关注消极事物的大脑功能是以半自动的，或者说是以接近无意识的状态运转的，但如果要大脑检测积极的信息，却需要意识的刻意介入。由此可知，**从我们所关注的对象特征来看，消极事物比积极事物更容易吸引大脑的注意**。注意力的这一特点被称为“消极偏见”（Negative Bias）。[4]

大脑的这种注意力机制在远古时代特别发达，因为那时候人类的生活环境严苛，随时都处于生死攸关的状态；但在现代，这种状态可能会被认为有些反应过度了。

比起积极的信息，媒体更喜欢报道名人丑闻和案件新闻等消极的事情，这也是为了引人注目吧。

了解这一点之后，我们再次自问：有限的注意力到底应该放在哪里？每个人都希望得到幸福，然而为了生存，大脑却总是把注意力放在消极事物上——矛盾就是这样产生的。

如何避免成为“消极偏见”的奴隶

如今，检测错误的功能当然也是很重要的。发现问题的能力有助于人的成长。但问题是，检测错误的功能也会失控。这就会让我们在不知不觉中陷入只关注消极信息的状态。

刻意面对错误和问题，思考解决它们的办法固然重要，但如果我们还得把有限的注意力分给那些只会带来不快的信息，那就太可惜了。

关注消极事物的大脑

如果任由那些无法解决的问题占据自己的注意力，内心充斥着不快的情绪，却不思考如何解决问题，只会一味地抱怨，这样的人生岂不让人遗憾？

“消极偏见”是已经过数万年演化的大脑功能，我们无法让它消失，而且在现代它仍然是非常重要的功能。但我们不能陷入其中无法自拔。我们要接纳消极偏见，也必须有意识地引导自己关注积极的信息。

以我自己为例：在数百人面前演讲之后，我通常会进行问卷调查。谢天谢地，结果常常是类似“95%以上的听众感到满意”这样的正面反馈。这让我松了一口气，也很开心。但是我的大脑仍然不能免俗，即便只有极少数人给出了负面的反馈，它也会特别在意，让我闷闷不乐。

这就是消极偏见。其实从比例来看，这些负面反馈很少。但即便我心里明白这一点，也不由得对它们耿耿于怀。这不是比例的问题，而是大脑的特征，是极其理所当然的生物反应。

因此，我们没必要过于悲观地看待消极偏见，不如视其为一种自然的反应，一个有助于改善自我的学习和成长的机会，从而把即将陷入消极偏见中的自我再一次拉回积极的世界。这种以俯瞰的角度审视自我的能力，对于与消极偏见共存并实现自身成长来说是必需的。

我们生活的这个世界充满无数信息，关注所有信息是不可能的。我们只能关注十分有限的信息。但是，每一条我们关注的信息都会被切实地传达到大脑上部，刻入脑内，留下记忆痕迹，成为我们的一部分。不仅如此，这些成为我们的一部分的记忆信息，又会对我们的关注对象、感觉、想法和行为产生影响。

你想让什么样的信息成为你自己的一部分？你想被消极信息掩埋吗？肯定是不想的。

如果脑中充斥着消极信息，那么不仅你的心情会不愉快，而且由于你的大脑越来越习惯于处理消极信息，很可能你待人接物的态度也会变得越来越消极，不管是对待他人还是对待自己。

重要的是，我们应该认清消极偏见的存在，并且接纳它，将它作为一种自然反应，避免成为消极偏见的奴隶。

为了能够做到这一点，我们需要一些“心理准备”来锻炼大脑。首先我向各位介绍练习 1。无论在面对压力方面，还是在促进成长、提高幸福感方面，这种“心理准备”都是很重要的。

练习 1

将日常生活中那些微小的积极信息刻印在脑中

注意以下几点，找出出现在日常生活中或自然中的微小的积极信息，并且给自己留出“空间”细细品味它们。

1. 所谓自然，指的是动植物、人和风景等。
2. 不要依赖像旅行这样的环境变化，要在日常生活中进行练习。
3. 关注细微的反应，而不是让你心情剧烈起伏的积极情绪。
4. 留一些“空间”，感受那个瞬间的舒适，并且关注享受这个“空间”的自己，意识到这个状态的存在是非常重要的。
5. 稍微闭一会儿眼睛，立刻在脑中重现这种积极的感觉。

从力所能及的小事做起，循序渐进地获得效果

重要的是，不要从一开始就勉强自己做出巨大的改变。因为世上并不存在能够让你今天立刻就学会如何与消极偏见和谐相处的魔法。**为了与消极偏见共存、共同成长，我们必须每天做好“心理准备”，养成良好习惯。**所以，我们应该从能够坚持的小事做起，慢慢来也没关系。

你可以每天用纸和笔记录或者与人交流一些积极正面的事情，这种做法当然是很有效果的，但有时会受到环境和时间的限制，可能让你很难坚持。所以刚开始的时候，你可以试着“从日常生活和大自然中发现积极正面的小事，并且稍微花一些时间好好感受它”。

正因为我们的大脑具有消极偏见的特性，所以为了避免成为这一特性的奴隶，我们必须有意识地将注意力集中在积极的信息上，哪怕只是一点点。这样我们才能逐步扩展大脑表面接收积极信息的区域。

为什么“日常小事”那么重要

我们应该关注日常和自然，关注积极的小事，因为现代社会充斥着直白的、富有刺激性和吸引力的信息。如果我们只对智能手机之类直白、强烈的刺激物产生积极的情绪反

应，就意味着大脑接收幸福的表面区域在缩小。**为了能够更加敏锐地觉察“内在”的幸福反应，我们必须让大脑能够注意到那些微小的、乍一看容易被忽略的积极信息。**

再者，日常和自然是我们随时随地都能接触到（并且免费）的事物，如果将它们视为有关自己幸福的信息的一部分，岂不是非常幸运？只要稍微努力一下，好好利用我们的意识，就可以做到这一点。下面是一些关注日常和自然中积极信息的例子。

例如，天空可真有意思。晴朗时，天空让人心旷神怡，那蓝色有深有浅。有时蓝天看起来也不是蓝色的。每一朵云彩的形状各不相同，但是它们有时候也会按照一定的规则排列出整齐的形状，如鱼鳞云；有时候它们仿佛发了脾气，云层变得漆黑，与闪电共舞。夜里的天空有如画布，月升月落，斗转星移，仿佛艺术品一般美丽。

植物也很有趣。比如三色堇，没有一朵三色堇的花是一样的。花纹、配色、气味、触感，花与花之间形成鲜明的对比。又比如在上班或上学的路上看到的某棵树，总是伫立在相同的位置，却在你的不经意间染上了颜色，落叶好似颜料洒满地面，不断地改变和丰富着这一路上的景色。

动物也有趣，人也有趣。常去的咖啡馆的店员，今天也笑容可掬。他用双手递过来小票的动作，不知怎的让人感到温暖。他干起活来总是十分麻利，偶尔因为收银机故障而有些慌张的模样也充满了活力，让人莞尔一笑。

就像这样，只要我们在日常生活中稍微留意四周，就会发现充满了无数的积极信息。然而，过剩的消极偏见却阻止我们这样做，或者“下行注意力”过于懈怠，让我们无法自动关注积极信息。

宝箱在有些人的眼里并非宝箱

包含动植物在内的自然存在于日常之中，每时每刻都在更迭变化。它就像一个充满乐趣的宝箱。但是，有的人看得见这个宝箱，有的人却看不见。因为它并不是以真正的宝箱的模样存在的，是大脑的滤镜把它变成了宝箱。

请看下图。箭头所指的两个四边形的颜色是相同的。但是经过大脑的处理，我们看到的却成了不同的颜色。**大脑并不会忠实地还原我们的眼前事物，我们对事物的认知其实是大脑和身体的主观认知。**

明明是相同的颜色，看起来却不同

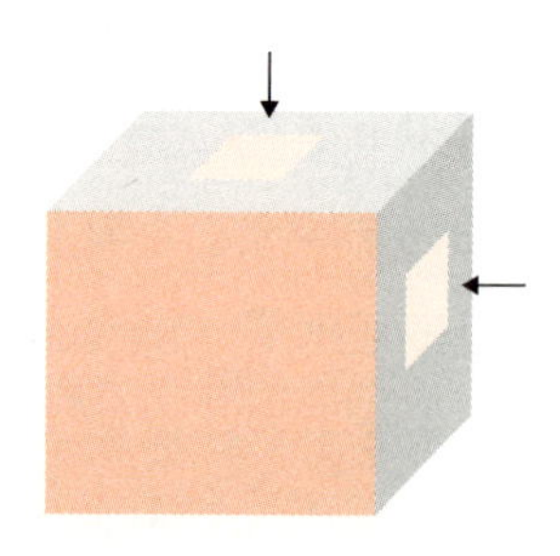

英国著名神经科学家博·洛托（Beau Lotto）在其著作《错觉心理学：从理解错觉到启发创新》（*Deviate: The Science of Seeing Differently*）[5]中提出了以下观点：

“信息的本来面目不过是一些能量或分子而已。进入眼睛的光子，进入耳朵的声波，在皮肤表面形成摩擦的分子键断裂，舌头接触到的化学物质，还有进入鼻腔的化合物，它们都具有能量，是物理世界（即真正的现实世界）所释放的要素。我们感觉到的只不过是能量的波动或能量产生的物质。”

你也好，你周围的一切事物也好，都是能量和分子的集合体。这句话一点儿也没错。或许有人会觉得这样说太过枯燥无味，但我的想法恰恰相反。

虽然只是能量和分子的集合体，但是，我们却拥有能够欣赏音乐、品尝美味、繁衍后代，并且试图解开生命奥秘的能力。这让人不禁对生命的神秘性产生由衷的敬畏。

自然就是存在于我们身边的环境，有的人能够感到它就像一个充满乐趣和有待探索的宝箱。对于这些人而言，确实如此。但这宝箱不是什么从天而降的惊喜，而是必须通过自身努力才能得到的。

当你开始懂得稍微借助意识的力量，察觉沉睡于自然中的那些微小的积极信息时，你就会更加容易地发现由你心中或脑中流露的幸福信号。不仅如此，你的学习和成长也一定会因此而加快速度。

为了熟练掌握某些知识或技术，反复是必需的。乍一看，反复似乎只是不断重复罢了，比如做研究就很容易让人感觉是在翻来覆去做同一件事。然而，也有人能够在重复的过程中不断获得新的发现，并且将这些发现转化为新的学习成果。对于这些人来说，**持之以恒地反复去做乍看之下相同的事情，会给他们带来巨大的成长。**而对无法做到这一点的人来说，单调的重复作业只会让他们厌烦，无法坚持，最终失败。

因此，能够品味存在于自然的美丽和乐趣的人，不仅能够获得更高的幸福感，还能培养洞察力，使自己不断成长。

以上内容说明了从自然和日常生活中发掘积极信息的重要性。但除此之外，我们还要在发掘这些积极信息的瞬间，稍微留出一些“空间”仔细“品味”，这一点也是非常重要的。

为什么留出“空间”仔细“品味”很重要

所谓的“稍微留出一些‘空间’”，其实只需几秒钟就够了。但这几秒钟很关键。甚至可以说：**这几秒钟积累起来能够改变人生。**

例如，假设你出门的时候感到“天气真舒服”。以前，你也许并不在乎这种无意间产生的感觉，当然也不会因此特意停下脚步几秒钟。

俯瞰感到“天气真舒服”的自己

但实际上，你应先意识到自己正在产生“天气真舒服”这个感觉。是的，这就是前文介绍过的“以俯瞰视角观察自我”的状态。

我们的大脑具有监控其内部所产生反应的功能，这个脑网络叫作“突显网络”（Salience Network）。[6] 这个网络能够让我们察觉自己的感觉或感情，比如焦虑感和愉悦感。

这一点之所以重要，是因为正如前文讨论过的，现代人容易注意“外在”信息而难以注意“内在”信息，这种对“外在”信息的过度注意会导致突显网络的功能逐渐减弱。

对于轻易就被“外在”刺激引诱的现代人来说，突显网络的注意“内在”信息的功能可能会减弱，因此难以感受到幸福。

所以我们认为，应该**根据用进废退（Use it or Lose it）原则，为自己留出“空间”以作“品味”，从而激发大脑突显网络的功能**。

用进废退（Use it or Lose it）

神经科学有一个重要的原则：用进废退（Use it or Lose it）。大脑是由神经细胞和连接它们的突触（Synapes）所构成的。只有在相应的神经细胞被我们使用的时候，突触才会连接它们，反之却不会维持原状，而会“消失”（Lose）。

对于生物而言，这是非常合理的反应。人脑的重量只占体重的大约2%（在平均体重为60公斤的情况下），但其葡萄糖消耗量却占人体总消耗量的25%。总的来说，耗能高就是大脑的特征。因此，大脑具有尽量不浪费能量的本能。

仅仅是维持突触在大脑中的存在，就要消耗大量的能量。所以，如果脑中有不被使用的突触，大脑就会主动删除它们以减少能量的浪费，比如通过**突触修剪**的方式使它们消失。

相反，如果想让脑中的神经连接持续存在，那么就必须“使用”（Use）突触，或者通过使用脑神经细胞建立新的突触。

大脑是怎么储存记忆的

从本质上来说，人不需要金钱、地位或名誉也能获得幸福。但是，人需要察觉自己“内在”产生的幸福反应，并且将这个信息输入大脑。扪心自问：要把什么样的信息输入大脑？这些进入脑中的信息会改变脑神经细胞的结构，以记忆痕迹的形式成为你的一部分。**感受幸福、品味幸福，让大脑存储幸福的记忆，这就是所谓的“Well-being”（福祉）吧。**

“Well-being”并不会在幸福反应产生后就结束了，而是会作为一种状态（Being）持续存在。作为大脑的一部分，幸福反应使脑神经细胞产生物理结构的变化，从而形成了这种状态。**为了实现这种状态，首先你必须能够察觉自己内在的积极反应，并且在脑中不断回忆，通过这种“回味”反复输入信息，从而加速大脑对其的记忆。**

所以，当你感到天气舒适时，不能仅止于一句“天气真好啊”的感叹，而是要立刻敏锐地意识到“自己正在产生这种感觉”，稍微闭上一会儿眼睛，主动且刻意地在脑中呈现这个事实。通过这样的方式，充满积极情绪的信息才能被输入大脑。

记住积极信息的技巧和学习是一样的，就是不断地回忆（引导记忆）。引导记忆的行为会让大脑认为这些信息对自己来说是必需的，从而使脑神经细胞产生细胞和分子水平的结构变化[7]，并且使整个大脑神经系统朝着固定记忆的目标运转。科学家把通过这种物理变化而被印刻在脑神经细胞中的信息称为记忆痕迹（Memory Trace）。

另一个重要的技巧是**情感唤起**。我们的大脑更容易记住强烈的情感。各位可以想一想，自己比较容易回忆起来的事情大多数都附带较为强烈的情感吧。从神经科学的观点来看，这也是非常合理的。

大脑记住的不仅是事件本身，也包括当时的情感信息。大脑的**海马体**负责保存情景记忆（Episodic Memory），在解剖学上附随于海马体的**杏仁核**则负责保存情绪记忆（Emotional Memory）。

这也是我们不断强调“品味”自身感觉很重要的原因。不要只是枯燥无味地回忆事件，而应该尽可能地在脑中呈现“当时的感受”，只有这样，这些积极反应才会形成情绪记忆。[8]

打造“快乐的杏仁核”
——让你所见的世界变成宝箱

对于上述的大脑机制，神经科学家坎宁安（Wil Cunningham）有一个非常贴切的描述：虽然杏仁核既能够保存积极的情绪记忆也能够保存消极的情绪记忆，但是**“我们中的大多数人都拥有一个‘不开心的杏仁核’”**。

究其原因，就是“消极偏见”在作怪。在其影响下，大脑倾向于接收消极信息，因此杏仁核保存了更多的消极记忆，最终变成了“不开心的杏仁核”。

但**你只要稍微改变一下自己的意识、关注的对象和接收的信息，也就是改变你看待世界的方式，将更多注意力放在积极信息上，那么在你的杏仁核里，喜悦和快乐也会随之增加，它会变成一个“快乐的杏仁核”。**

将积极信息刻入大脑

所以，练习 1 提出了“找出出现在日常生活中或自然中的微小的积极信息，并且给自己留出‘空间’细细品味它们”的要求。在理解这一点的基础上，用心地（快乐地）体会日常之美和自然之美，效果更佳。

推荐利用诸如通勤和通学之类的日常时间，放下手机，四下环顾——五分钟足矣。请去探索潜藏在日常生活中的人和动植物、自然风景的趣味和美丽。你所见之世界将变成宝箱。

第 1 章

认识压力

——为什么我们的身体里安装了压力系统?

“黑暗压力”和“光明压力”

我们所在的世界有积极的一面，也有消极的一面。但是，由于大脑的“消极偏见”作祟，更多时候我们看到的世界总是呈现出消极的一面。

同样，压力也有积极的一面和消极的一面。在这一特性上，压力受到“消极偏见”的影响更大，导致其消极的一面更加明显。也就是说，我们对压力的“消极偏见”是非常强烈的。

确实，压力令我们烦恼和痛苦，有时它会引发抑郁症，更糟的情况下甚至会导致我们轻生。本书将这种类型的压力称为**“黑暗压力”**。

另一方面，压力对我们的成长和幸福也有所贡献。像这样的压力，本书称之为**“光明压力”**。

相信大家都有过以下类似的经验。例如，考前的临时抱佛脚竟然让自己有惊无险地及格了；截止日期将近之时效率反而大幅提高，终于赶在最后期限前完成了工作。这种时候，你是否也曾感叹：“怎么不早点拿出这样的干劲啊！”

时间限制会加重我们的压力状态，让我们感到痛苦，但同时也会增强我们的注意力集中水平，并且强化大脑的信息处理能力，从而使我们提高工作效率，这是非常典型的情况。

“光明压力”使我们成长

那些难忘的巨大喜悦的瞬间都是什么样的？

面对苦难，坚持挑战，不断遭遇挫折和失败，即使如此也不曾放弃，勇往直前，最终获得成功——在这样的时候，巨大的感动便会油然而生。

但不要忘了，这个过程伴随着莫大的压力。而**正是因为有压力的存在，我们才会产生巨大的感动**。相反，未经压力而获得的成功无法让我们获得真正的感动，也无法深深镌刻在我们的脑中。

压力不仅能够带来巨大的感动，而且在这个过程中，对压力的体验能够促进学习，使我们成长得更好、更强。

巨大的感动、成长和幸福，都和源于苦难、困难等各种“难”的压力有着深刻的关系。正因为“有”这些“难”，我们才能够感恩和成长，能够更好地感受幸福。所以，日语里的“谢谢”才写作“有難う”吧。

压力无疑对我们的成长有很大帮助。可以说，我们的大脑和身体系统之所以配置了压力反应，正是为了促进我们的成长。如果压力反应是有害的或者无意义的，那么它早就在进化过程中被淘汰了。

有人能够将压力转化为动力，促进自己成长；有人却因为压力而限制了自己的能力，忧心忡忡，难以成长。只要我们能够感受到可被称为压力的东西存在于我们的“内在”，那么压力产生的原理就一定存在。

现代神经科学仍无法彻底解释压力这个东西。但是**随着科学技术的发展，对于曾经被视为“黑盒”的大脑，以及大脑与人体和压力的关系，相关研究已经取得了极大的进展。**在压力研究方面已有许多细胞和分子水平的重大发现。这些知识一定能够帮助人类更好地生活。

欢迎来到神经科学的世界！让我们一起探索“内在”压力反应的奥秘吧！

与压力好好相处的“三个前提”

我们将从神经科学的观点出发详细说明压力的机制。但在此之前，为了让大家更好地认识压力，必须强调“三个前提”。

前提1 压力有好的一面。对我们来说，压力是必要的，所以它才会存在

压力既有不好的一面，即“黑暗压力”，也有好的一面，即“光明压力”。这也是前文再三强调的。压力本身就是人体必需的重要系统。

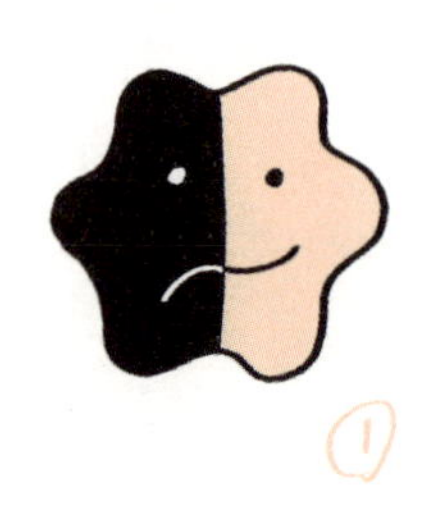

前提2 每个人的压力反应各有不同，不可视同一律

压力反应因人而异，要接受“自己和别人的压力反应有差异”这一事实。比如，有人非常害怕蜘蛛，看到蜘蛛就会表现出激烈的压力反应，但有人就无动于衷。

人与人的压力反应存在差异，有的是天生就由基因决定的，有的则来源于人们的成长经历；也许是大脑或身体内某种会导致压力反应产生的化学物质分泌过多，也许是接收压力反应的受体过度活跃，当然外部环境也可能引发这些变化。

如果一个人经常处于身心危险的状态，那么为了能够应付每个危机的瞬间，其压力反应会变得对环境更加敏感。但如果一再提高压力反应也无法解决问题，那么压力反应会陷入疲敝，趋向于无作为，以便节省能量。

总而言之，压力反应的存在形式受到先天和后天双重影响，每个人的情况都不一样。因此，不能将自己的压力反应模式套用在别人身上。

前提 3 接纳自己的压力反应

压力反应因人而异，所以**为了让压力成为我们的朋友，成为我们的力量，帮助我们更好地成长、获得幸福，最好的方法就是正视并接纳自己的压力反应。**

神经科学只能说明什么样的信息会导致什么样的压力反应，或者某种压力反应产生时大脑和身体有什么相应的反应特征，却无法解释每个人具体在什么情况下会产生什么样的压力反应。

因此，在通过本书学习压力反应的特征时，请大家一定要联系自己的实际情况，联系沉睡在自己脑中的具体信息，深刻理解自己的压力到底是什么样的。就像交朋友必须先了解对方一样，与压力相处也是如此。

面对陌生人，大脑的第一反应往往是排斥。通过了解对方，我们才能与对方拉近关系。所以，通过神经科学的知识对压力有了一定的了解之后，大家就得靠自己与记忆、身体和压力对话了，只有这样才能真正接纳属于我们每个人自己的压力反应。

在这个与之同甘共苦的过程中，我们与压力的距离将会渐渐缩短，**压力反应将进化成为帮助我们成长和获得幸福的最佳伙伴。**

“压力世界”的结构——压力、压力源和压力反应

为了加深对压力的理解，接下来的内容将介绍压力世界的结构。首先要解释的是以下三个术语和它们之间的关系。

1. 压力源（Stressor）
2. 压力反应（Stressmediator）
3. 压力（Stress）

这三个都是与压力有关的专业术语。为了理解压力，与压力共处，请一定要记住它们。[9]

首先最容易理解的是“压力”这个词。**这个被冠以“压力”之名的东西，只有在我们感觉到它的存在之时才成为压力**。所谓的“感觉到压力”，就是指我们意识到体内的某种变化。

压力源、压力反应和压力的关系

而这些**体内的变化，即身体和大脑内部环境的变化就是“压力反应”**。通过体内形成的压力反应，我们获得了感觉到压力的机会。

相反，即便体内已经形成压力反应，但只要我们没有任何感觉，那么就不能视之为“压力”。压力反应的英文是“Stressmediator”，其中包含了“mediator”（介质）这个词，因此**它是让人察觉压力的“信号”**。

但是如果直接采用“压力介质”这样的说法，可能很多人都会感到陌生，所以本书将“Stressmediator”翻译为“压力反应”。

总之，压力反应和压力的关系是：**当大脑和身体里产生的压力反应被我们察觉，这种现象就被称为压力**。换言之，压力反应的产生是无意识的，而压力则是对压力反应有意识的认知状态。

此外，压力反应也可以说是压力的直接诱因。没有压力反应，我们当然无法感觉到压力。如果从这个角度来考虑，那么压力的诱因其实就存在于我们体内，而非来自外在世界。

也许有人会反驳："不对呀，我有压力明明就是因为那个啰唆的上司!"然而从科学的角度来说，你的上司并不是你产生压力的直接原因。

压力的直接诱因始终是人体内出现的压力反应。但是不能否认的是，啰唆的上司与压力之间也有关系。像这位上司一样，**导致压力反应产生的信息或刺激就是"压力源"。**

压力源不仅是导致压力反应产生的刺激，也可以说是压力的间接诱因。压力源不一定引发压力，但它提供了可能会引发压力的信息和刺激。

外因性压力源和内因性压力源的区别

因此，压力源大致可以分为两类：一类是**外因性压力源**，另一类是**内因性压力源**。

外因性压力源来自“外在”世界，比如刚才提到的啰唆的上司，或者刺耳的噪声。内因性压力源则来自“内在”世界，比如被上司怒骂的回忆导致了压力反应的产生。

不快的回忆和讨厌的人都不是原因，保留和引出这些记忆的大脑才是罪魁祸首。

什么样的人容易沦为“黑暗压力”的牺牲品？

最后，让我们通过一个具体的例子再次简单说明一下压力源、压力反应和压力的关系。

假设你现在突然听到附近传来巨大的枪声，在你做出任何思考之前，你的心脏首先已经扑通扑通地狂跳起来，你的注意力已经转向声音传来的方向，当然不可能继续阅读本书了。像这样无意识间心脏狂跳的情况出现就是因为压力反应。

具体的过程是这样的：大脑中的杏仁核受到强烈刺激被激活，引发不安和恐惧的情绪，分泌出被称为“压力激素”的皮质醇和脱氢表雄酮（DHEA），将信息传递全身。接着，自主神经系统中的交感神经开始工作，心跳加快，将能量供应至全身，以便人体可以迅速做好逃避的准备。**类似于以上种种的体内变化统称为“压力反应”。**

在这个例子里，枪声是外因性压力源。如果在这个情况下，你能够稍微冷静下来，并且意识到“自己现在正因为听到枪声处于非常害怕的状态”的事实，那么这个你所意识到的状态就是“压力”。至于**你能否感觉到压力反应，则取决于大脑的“突显网络”**。

突显网络的作用就是发出信号，让我们觉察自身内部环境的变化。但大脑的这个觉察变化的机制和引起压力反应的机制是不同的，必须区分理解，这一点非常重要。

只有我们能够觉察自己的压力反应，才能好好地应对压力。那些容易被“黑暗压力”左右，或者说容易陷入痛苦经历的人，往往无法正确认知自己的压力反应。也就是说，**明明已经产生了压力反应却无法察觉的人，更容易沦为“黑暗压力”的牺牲品**。

作为察觉压力反应的最大力量，突显网络的锻炼是非常重要的。因为如果我们能够及时察觉微小的压力反应，在它还处于萌芽状态时就做出恰当的处理，那么压力很少会给我们带来坏处。反之，无法察觉、无法应对的压力不断积累，就会把我们困在“黑暗压力”的世界了。

压力的第四个关键词“内稳态”

每个人或多或少都能察觉自己的压力反应，并且为了解除压力做出相应的行为。正是因为我们能够察觉自己的体内环境的变化，才会做出特定的行为，才能消除“黑暗压力”。

当然，仅仅察觉自己的压力反应，并不足以让我们“与压力好好相处”。有时候，察觉或者将注意力转移到“压力存在”这个事实上，都有可能导致“黑暗压力”的增加。

所以，察觉自己的压力反应，只是我们与压力打好交道，获得成长和幸福的必要条件，却不是充分条件。

为了把压力转变为助力，减少“黑暗压力”的负面影响，我们必须了解自己体内压力反应的产生机制。所以，接下来我要介绍的是压力源、压力反应和压力以外的第四个关键词：**内稳态（Homeostasis）**。

我们的身体的确会无意识地、自动地产生压力反应，但同样也具备了无意识地、自动地缓和压力反应的机制。

产生压力反应的状态，正是体内平衡被打乱的状态。而**大脑和身体各部位会主动发挥作用，将这被打乱的平衡恢复如初。这种反应就叫作维持内稳态**。

了解内稳态的存在，是我们思考如何应对自身压力反应的第一步。第 2 章将详细介绍这一方面的内容。

为什么我们的身体会建立压力系统？

为什么我们的身体里有这样的压力系统呢？下面，我们要思考压力系统的作用和它的存在意义。**首先，压力反应能够让我们知道，引起某次压力反应的某个压力源对我们自身而言到底是什么样的存在。**

比如，当附近传来巨大枪声时，如果没有压力反应，就不会引发人的逃避行为，那么这个人的生存概率就会大幅下降。可见，伴随着压力反应产生的恐惧和不安等情绪都是有意义的。

压力系统不仅传递给我们“什么信息”，同时也影响着我们的记忆系统。大脑把引发压力反应的信息和刺激保存为记忆，从而提高我们的生存概率。因此，**引发压力反应的状态实际上是一种学习行为（记忆保持）**。

这种机制迫使大脑记住我们并不想记住的东西，有时会让我们感到痛苦。

压力系统保障我们的生命安全

但**作为生物，大脑之所以记住引发压力反应的事物，是为了在下一次遇到同样的信息或刺激时能够尽快做出恰当的反应**。

于我们人类而言，根据这些记忆我们还能够做出预测和推测，从而帮助我们防患于未然。这种大脑在信息处理中的风险判断功能也正是因为有压力系统才会存在。

这一切都是为了提高人类的生存概率而设置的。在生物所拥有的一切体内系统中，反应最强烈的往往就是对于维持生命来说最为重要的。所以这么说也不为过：**压力系统是为了保护人类的生命而存在的**。

维持生命所必需的压力系统一旦出错，就会威胁到我们的生命安全。因此，我们必须重新从科学的角度去理解压力系统，探索与之共存的方法，这是确保我们走上美好人生之路的重要前提。

身边的“四种压力源”

前文已经介绍了压力源有外因性和内因性两种。一般来说，外因性压力源又分为物理性压力源和化学性压力源，内因性压力源又分为生物性压力源和心理性压力源。本书的主题是“**心理性压力源**”，因此对其他压力源仅做简单介绍。

“物理性压力源”是指通过触觉、视觉、听觉接收的压力源，比如接触、寒冷刺激、疼痛信号、光线和声音等。**“化学性压力源”**是指对味觉或嗅觉造成刺激的化学分子构成的压力源。**“生物性压力源”**是指因炎症、感染或饥饿引发的压力反应。

关于物理性、化学性和生物性压力源，由于篇幅限制，我只说明两点：第一，这些压力源在各位的身边是确实存在的；第二，这些压力源非常容易侵占我们的注意力。正如前文不断强调的，我们的注意力所投注的对象是有限的。

比如，周围很吵闹的时候，或者身体不舒服的时候，这样的状态当然会释放相应的信号，夺走我们的注意力，使我们的思维难以集中在本来想关注的事物上，导致我们的行为难以发挥应有的效率。

因此，为了与心理性压力源和睦相处，实现成长、获得幸福，还有一个前提：整理好身处的环境，调整好自己的状态，管理好物理性、化学性和生物性压力源。

但是，从另一方面来说，**在刺激性并不过于强烈的前提下，物理性、化学性、生物性压力源也具有习惯化（Habituation）的特征。**[10]信号的输入在某种程度上是稳定的，能够令生物体逐渐适应。

另外，即便我们所处的环境或状况并不稳定，只要能够发挥“下行注意力”，就能将注意力集中于自己应该做的事情上。

当然，最好还是能够主动做好身边的环境或状态管理，便于我们集中精神应对心理性压力源。

“心理性压力源”不仅难以“习惯”，甚至会越来越严重

当身体不适或所处环境混乱时，我们的注意力会被这些不利因素夺走，导致我们无法全心应对自己的心理性压力源，那么我们的压力反应可能会越来越严重。而且心理性压力源是难以“习惯”的，因为它往往来自个人经验所形成的记忆，而非单纯的信号输入。

在实际的小鼠实验中，科学家已经证实：小鼠能够习惯物理性压力源（电流），随着反复刺激，其体内的压力反应（去甲肾上腺素的分泌）随之降低；**但如果是心理性压力源（恐惧或不安），小鼠不但无法习惯，其体内的压力反应也会增强**。[11]

心理性压力源多与多方面的消极信息相关，比如引发恐惧或不安的经验。这些信息被记入大脑的神经细胞，形成记忆。心理性的压力反应越大，越能够激发海马体保存情景记忆、杏仁核保存情绪记忆。因此即便压力体验已经结束，我们仍会不时回想起当时的情境。

这种回忆的瞬间，正是我们有限的注意力被消极信息禁锢的证明。**更糟糕的是，每一次回忆都会加深这些记忆**。

心理性压力源的增强机制

因为这是对大脑功能“用进废退”原则的遵循。

而大脑回想起来的记忆也不一定是正确的。因为大脑保存着各种其他信息，这可能导致负面记忆遭到修改甚至被添油加醋，变得越来越牢固。

不知不觉中陷入这种消极偏见的恶性循环，是非常危险的。**让大脑不断再现那些不愉快的情境，只会让它们越来越牢固地烙印在脑中、占据我们的内在世界**。

所以，当压力反应发生的时候，能不能及时察觉、妥善处理从而尽快摆脱消极记忆就变得至关重要。

当心“黑暗压力”中的“慢性压力”

“黑暗压力”的其中一种被称为“慢性压力”。一般情况下，这种压力只在必要的情况下产生，对我们的工作效率和学习能力的提高都有好处。但是，如果慢性压力长期无限制地产生，就可能伤害我们的身心健康。因为慢性压力即便不是过度的压力，也毕竟会让人一直处于承受压力的状态。

有研究表明，在慢性压力的作用下，压力激素皮质醇不断作用于海马体，可导致海马体萎缩。专家怀疑这一现象可能引发抑郁症等疾病。[12]

比如，假设你是一位公司职员。你花了很多时间认真准备好工作资料，信心满满地提交给上司后，上司却当着许多人的面嘲笑你。任何人遭到如此对待，大多数情况下都会感到压力。虽然把感到压力的时间点克制在当时，吸取教训、学习经验，化压力为成长的动力，是最好的结果，但多数人在事情发生后仍会因为上司的态度闷闷不乐。

回家的路上你又想起这件事，不由得怒从中来，无意识间诸如“上司为什么偏要用那种方式说话”“以前也被他责骂过”之类的想法就会不断涌上心头，令你的大脑不得不处理这些消极信息。其实，更好的应对方法应该是立刻切换心情，比如说服自己“继续纠结也无济于事，不如想点别的事情”。但在大多数情况下，你是无法意识到这一点的，只能任由回忆重复，不愉快的经验成为牢固的记忆，导致负面情绪不断扩大。

到家的时候，你期待着伴侣能够安慰一下自己。没想到对方正好也心情不佳，非常轻蔑地说出了“别提这些倒霉事啦，真烦人”这样的话。这下你的压力又增加了。到了该睡觉的时候，躺在床上的你依然在回想今天的遭遇，无法入眠。第二天你带着越积越重的压力去上班。因为没睡好，工作状态不佳；到了公司又得面对那恶魔般的上司，光是见面就让你怒火中烧……这些都会变成一重又一重的压力。

这样的情况如果反复发生，就会变成慢性压力，非常危险。所以首先最关键的一点就是，你必须有处于此类情况的自觉。也许在非常冷静地阅读着这段文字的此时此刻，你可能会觉得上述情况发生时自己一定会本能地察觉到。但其实，**当过度的压力产生时，你的大脑反而会陷入无法自动察觉的状态**。

所以，**越是在压力反应不那么强烈的时候，或者说在你可以保持冷静的时候，你越应该好好利用突显网络的功能，与你的内在世界对话，不放过即便是轻微的压力反应，自查是否处于压力状态**。

你能越早察觉，就能越早摆脱那些不愉快的记忆，因为大脑来不及记住它们。你也有机会采取各种措施，从而降低被“黑暗压力”伤害的可能性。

“压力 = 坏事”的固有观念会增加压力

这里首先给大家介绍一个有趣的心理学研究。

斯坦福大学的克拉姆博士（Alia Crum）正在进行安慰剂效应和思维模式的研究，并且已经发表了几项非常有意思的成果。其中一项研究指出，**“压力 = 坏事”这个观念本身就会提高实际的压力水平，而“压力 = 学习”的思维模式能够降低压力水平**。[13]

这项研究使人们认识到积极看待压力的重要性。但是必须注意：实验环境与现实是有差异的。在研究中，实验是在被试通过视频习得“压力 = 学习”的观念后才进行的，“压力 = 学习”这一信息已经事先留存于他们的脑中，因此才能够降低压力水平。

但日常生活不是实验室，几乎没有专门习得“压力 = 学习”

“压力 = 学习”的思维模式

的环境，也就是说，平常我们的大脑里是没有“压力=学习”这个信息的，反而沉睡着“压力=坏事”的观念。

另外，压力反应总是突然产生的，这时大脑的第一反应往往就是“压力=坏事”，本能地就会把压力视为敌人，因为根本来不及抽出“压力=学习”的积极信息。

克拉姆博士的实验告诉我们一个非常重要的道理。那就是只要大脑里存在“压力=学习”这一信息，那么压力程度就会降低，而且有助于我们的自我成长。

为了把这个道理活用到日常生活中去，我们不能只是单纯地对“压力=学习”很重要这个认知进行理解，还必须让大脑深深地记住它。如果记不住，那就无法转化为实际的反应；或者只是说说，那么浅显的理解就像纸上谈兵，并不足以付诸实践。

为了让大脑记住这个信息，我们就**必须从日常小事做起，正视压力，反复扪心自问“如何将压力转化为学习”“如何有利于自己的成长”等问题，从而不断加深印象。**

因此，下文的练习2就很适合我们在日常生活中花一点时间加以实践。思想也好，行动也罢，肯定是经过不断重复而被大脑记住的那些才会被优先选择作为实践的对象。如果只是知道些表面的知识，人不会有任何改变。只有与强烈体验紧密关联的深刻记忆才能改变我们的言行举止。

增强“压力 = 学习”的记忆——将压力的效果转化为语言

每个人都曾获得过压力的恩惠，比如提高了工作效率，或者完成了某项任务，感到喜悦和幸福。这些时刻就是我们认识和学习（记忆）“压力 = 学习”这个观点的好时机。这是与压力好好相处的必由之路。

建议大家把压力带来的好处转化为语言。

可以参考练习 2 中的问题，把压力的好处写成具体的故事。

故事的主人公当然是你们自己。但是为了让大脑更客观地接纳这个故事，最好不要用第一人称“我”，而是用自己的名字，后面加上“先生”“女士”“同学”等称呼。

无须在意困难或挑战的难度，也不用和别人比较，更不必夸大其词。只要回想一下自己感受到困难，发起挑战，并且成功克服的经过就可以了，这样做的目的在于让大脑学会接受“压力其实一直都在帮助我”这样的观念。

对于这样的故事，**写作的关键是“诚意”。**听起来可能有些陈词滥调，但是否发自内心确实非常重要。所谓发自内心，并不是说必须把内容写得多么正确，而是要投入感情。

错别字也好文体也罢，都无须介意，关键在于是否在脑中回忆了整件事情的来龙去脉，是否回想起当时的心情和感受，以及是否**引发了情绪记忆。**

练习 2

将压力的效果转化为语言的步骤

注意以下几点，尝试写一个故事。

1. 在迄今为止的人生中，你曾经在承受巨大压力的状态下获得过什么样的成就？
2. 实现那个成就的瞬间你有什么感受？
3. 在此过程中有什么困难、挑战和压力？
4. 在那样的压力之下，你为什么还能坚持前进？有人帮助你吗？
5. 最后作为故事的结尾，请向这一系列的困难、挑战、压力、不放弃的自己和给予帮助的人说一声“谢谢”。

带着感情写下与压力共同经历的故事，能够让大脑更加深刻地记住压力也有积极的一面，而不是只会带来痛苦。

建立“压力有用”的思维模式

除了克拉姆博士，还有其他心理学家也同意压力有助于成长而并非一无是处的观点。拥有这样的思维方式才是变压力为动力的关键。

但是与其说是“拥有”这种思维模式，倒不如说是“设置”好这种思维模式，因为“拥有某种思维模式”听起来像是暂时性地在那个瞬间告诫自己必须这么做。什么是“设置思维模式”？

实际上压力反应产生时，这样的意识介入是一个非常复杂的过程。

到底该怎么做呢？我们必须让大脑处于一种即使没有刻意去思考也会认为压力是有用的状态。所以我们才说比起“拥有”这种思维模式更应该说事先就“设置”好这种思维模式。

就实际情况而言，在“经常提醒自己压力是有用的状态”和“已经设置了压力是有用的状态”下，大脑处理信息的方法完全不同。

“中央执行网络”与“默认模式网络”

当我们处于刻意去意识或者提醒自己“压力是有用的”状态时，在背后起作用的其实是大脑的“中央执行网络”。**“中央执行网络”（Central Executive Network）顾名思义，就像大脑的司令塔。当我们主动注意什么、考虑什么的时候，使用的都是这套脑网络。**[14]

因此当我们提醒自己“压力是有用的”时候，靠的就是中央执行网络从记忆中抽取这个信息。

与之相对应的一套脑网络就是“默认模式网络”。同样顾名思义，这个网络是“本来就预设好的”。

“默认模式网络”（Default Mode Network）由深刻在大脑中的长期记忆所驱动（引导）。

这些根深蒂固的记忆会在接近无意识的状态下引导自身的思维和行为。

例如，我经常光顾某家咖啡店。每次我都很自然地进入店里，点好咖啡后不知不觉地走向同一个座位。大家应该也有过类似的经历吧，是不是有点不可思议？

这就是默认模式网络的影响。

而如果是一开始就在考虑“坐哪里好呢”，最后决定“要不就坐那里吧”，那么这时候大脑中运作的就是中央执行网络。多次光顾这家咖啡店后，大脑就记住了“这个座位最舒服”的信息，那么我的行为和决定就会受到这段记忆的影响，这时默认模式网络就会取代中央执行网络，最终使我在不知不觉中走向那个熟悉的座位。

上学和上班的路上也会发生同样的情况。一开始不认识路，总会提醒自己“该在这里拐弯”，但几次之后，就算什么都不想，记忆也会引导我们走向正确的方向。这就是记忆主导行动的状态，也就是说，这个时候的思想和言行举止都已经形成了属于你自己的固有模式。

想要化压力为力量，使之成为帮我们获得成长和幸福的工具，就必须让默认模式网络来操作和形成“压力有用”的思维模式。因为当压力反应过于强烈时，即便我们想让大脑认知“压力 = 学习”，中央执行网络往往也无法正常工作。关于这一点，我会在第 2 章详述。

正因为如此，我们必须每天都告诉大脑“压力对成长是有用的”，从而在脑中留下深刻的记忆痕迹。只要每天都如此积累，那么即便强烈的压力反应突然发生，已经做好准备的大脑也会自然而然地贯彻“压力 = 学习”的原则，让我们积极向前。但是**这样的“准备”要求我们必须在压力尚未出现时就反复进行，而不能等到压力产生了才临时抱佛脚。**

不能等到自己感到压力所带来的痛苦时才正视压力，而要趁着压力还没有让自己痛苦的时候与它搞好关系。在我们真正遇到巨大压力的时候，这样的做法能够帮上大忙。

第三套脑网络："突显网络"

大脑的司令塔"中央执行网络"的工作就是把"压力有助于成长"这一新知识导入大脑。中央执行网络就像引导者和监视者，负责引导和监视学习的过程，直到新知识变成记忆并深深地刻在脑中。如果没有这位引导者和监视者，那么大脑就会和过去一样优先处理"压力＝坏事"这个信息，因为大脑已经习惯了这样的思维模式，构成这种思考回路的脑神经细胞也已经非常成熟，所以从能耗上来说非常节省。

而陌生思想和行为的神经回路尚未成熟，能耗效率低下，因此我们会产生大脑运行不畅的感觉，这种感觉又使我们想要回归更轻松的思维方式。所谓"更轻松的思维方式"，就是我们已经使用得相当习惯的深刻记忆，这就是默认模式网络管辖的领域了。**默认模式网络的运作方式之所以能够接近于无意识的自然的反应，正是因为我们"用惯"了**。

当然，我们不能断言中央执行网络和默认模式网络到底哪个好哪个差。我们必须在理解其各自的功能的基础上，决定选择用哪一套网络来处理哪些信息。

就压力反应而言，恐怕绝大部分人都已经形成了"压力使人痛苦"的强烈观念，因此才会在默认模式网络的作用下自然地认定压力是负面的。

三种网络的区别

而“突显网络”的作用正是在“中央执行网络”和“默认模式网络”之间使两者互相切换。当我们下意识地认为“压力无益”的时候，“突显网络”会让我们察觉到自己产生了这种认知的事实。

从导言开始我们就一直在强调察觉自身内部环境中所产生反应的重要性。

“默认模式网络”所造成的反应是基于我们记忆中根深蒂固的“压力无益”的观念，而要意识到这一点，首先就必须依靠“突显网络”，然后依靠“中央执行网络”使用“下行注意力”进行介入，刻意灌输“压力有益”的想法。通过不断重复这个步骤，“压力有益”这一信息就会被存储在大脑内（形成记忆痕迹）。很快，“默认模式网络”就会将压力优先处理为“有助于我们成长”的信息。只有如此，才真正意味着“压力 = 学习”的思维模式已经确立。

依靠“身体惯例”变压力为助力

在本章，我们不会从细微的压力反应机制出发，而是以较为宽泛的视角，从大脑网络出发加深各位对压力的理解。在本章的最后，我想分享一个秘诀。**这个秘诀能够让你在产生压力反应时，让你的大脑牢固地形成“压力有益”的思维模式，并且使你的压力反应保持在一个适度的状态。**

相信很多人都听过“惯例”（Routine）这个词。日语把这个词翻译成“常规行事”，听起来枯燥无味，但是“惯例”意味着**每次都做同样的事，而这正是“默认模式网络”的工作模式。**

“惯例”是一种准备。每天认真地执行规定好的任务，在这样的行为基础上，能够提高让自己维持在稳定和理想状态的概率。为了将压力转变为助力，建立属于自己的“惯例”意义重大。

说到“惯例”，也许很多人都会想到职业棒球运动员铃木一郎。从走进击球手等候区，到站在投手面前，他有一整套一丝不乱的“惯例”。听说他在球场外也有很多日常遵循的“惯例”。

总而言之，**有用的“惯例”能够促使“默认模式网络”**

处理更多有用的信息。“默认模式网络”的处理速度快且高效，因此“中央执行网络”就能够利用更多的大脑资源学习新事物。

关键在于，在没有压力反应的日常生活中，我们也要不断地重复这些“惯例”，以便大脑能够记住它们。否则，在真正遇到压力时，大脑是无法正常运转的。

利用“同时受到刺激的神经细胞会串联在一起”的原则

当你发现自己有压力反应时，你可以尝试为自己创造一个“惯例”，变压力为助力。

创造一个“惯例”的关键在于“独特而简单”。虽然不一定非得是一个简单的动作，但建议从简单的动作开始，因为大脑学习是需要时间的。

但是，你必须遵守独特性原则。例如，铃木一郎在球场上的行为，以及橄榄球运动员五郎丸步的“惯例”都相当独特。所谓的独特性或者说唯一性，指的是通常不会做的行为和肢体动作。

这一点很重要，因为大脑会将这些独特的动作和“压力有助于成长”的信息联系起来，从而进行学习（形成记忆）。如果这些动作随时随地都可以做，那么大脑就无法区分你做这些动作的目的，因此“惯例”也就无法发挥作用。

神经科学领域有一个大原则是这样表述的：Neurons that fire together wire together。意思就是“同时受到刺激的神经细胞会串联在一起”。也就是说，**当大脑中的多个信息被同时触发时，与之相应的神经细胞就会互相产生连接。**这在神经科学的细胞和分子水平上已经得到证实。

但其实很久以前，心理学中著名的巴甫洛夫的狗实验就已经对这个现象做出了解释。如果给狗看肉，狗就会流口水。当然了，给狗听铃声，它们是不会流口水的。但如果反复给它们看肉的“同时”播放铃声，最终狗会变成只听铃声就流口水的状态。

同时受到刺激的神经细胞会串联在一起

这是因为听到铃声的神经回路和看见肉的神经回路被“同时”激发，于是在“看到肉就流口水”的神经回路之外

又形成“听到铃声就流口水”的神经回路。

利用这个原理，我们就可以思考一下在发生压力反应的时候，应该设置什么样的独特动作，才能让压力保持在适当的水平。在做出这个动作的时候，请不要忘记在心中默念“感谢压力助我成长”。

当然了，不一定要和这句话一模一样。

你可以自己选一句能够让自己真正信服积极压力的话。将这句话与你的动作整合起来，每天只需要 10 秒钟就够了。

或许可以模仿基督徒祷告时画十字的动作；或许可以右手放在胸前，闭上眼睛，稍微抬头，轻轻地吸气和吐气。这些都是平时不常做的动作，很适合用来作为你的“惯例”。

希望你能够带着乐在其中的心态，不断执行你的“惯例”，同时品味压力的积极面，直到你的“惯例”成为你的一部分，也就是能够指挥默认模式网络处理信息。

可能稍微有点离题，不过像在手心写人字、念咒语、茶道礼仪之类的独特行为中都蕴含着神圣又深奥的意义。但是更重要的是，做出这些行为时，我们是如何使用大脑的。

关键在于我们应该以什么样的自身状态、什么样的信息与这些独特的行为和动作产生联系。如果不明白这其中的价值，只在表面下功夫，那么一切只会流于形式，变得毫无效果。这就是为什么我们重复“惯例”的时候必须真心实意，希望大家都能真正地理解这样做的重要性。

练习 3 

创造压力反应产生时的“惯例”

注意下列重点，创造属于你自己的“惯例”，并且重复执行。

1. 必须是有独特性的动作。
2. 推荐选择刚开始时不需要花太多时间就能记住的简单动作。
3. 做动作的同时在心中默念能够让自己对压力保持积极心态的话，如“感谢压力让我成长”。
4. 只需每天 10 秒钟，但要坚持。
5. 必须真心诚意。
6. 坚持在感受到压力时执行这个“惯例”。

第 2 章

减缓“黑暗压力”

——科学利用大脑和身体的特性

• 与“黑暗压力”相处的方法
——迅速应对，把“黑暗压力”消灭在萌芽状态

压力与“心理安全感”的关系

第 1 章已经介绍了“黑暗压力”的其中一种，即慢性压力。实际上除此之外还有一种需要避开的“黑暗压力”，那就是“过度压力”。

“慢性压力”是一种持续时间较长的压力反应，而“过度压力”指的是**脑内或体内环境某个时间点忽然失去平衡的状态。**

虽然过度压力有生物学上的存在意义，但在现代社会，这样的压力反应往往并不必要，所以我们得学会如何与其相处。

压力过度的状态会使我们的心理状态陷入危险，因为大脑在此时的运作系统和它在安全状态下的完全不同。正因如此，像谷歌那样的世界级企业都非常重视建设员工的**“心理安全感”**。

2009 年，《自然》杂志发布了一篇关于压力的论文，虽然年代有些久远了，但是引用率很高，下图[15]正是对这篇论文内容的总结。

压力反应过度状态下的大脑和压力反应适度状态下的大脑的区别

心理危险状态

（压力反应过度状态）

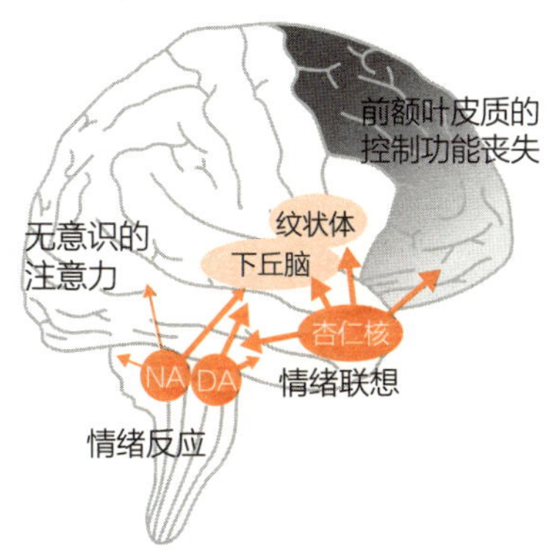

心理安全状态

（压力反应适度状态）

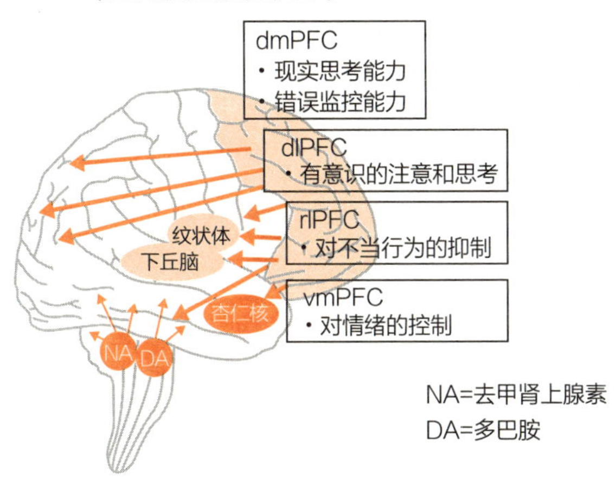

NA=去甲肾上腺素

DA=多巴胺

上面的图是压力反应过度状态下的大脑，下面的图是压力反应适度状态下的大脑。我们一眼就能看出两种状态下大脑所使用的运作系统截然不同。

这里所谓的**压力反应过度状态，可以用皮质醇这种压力激素的分泌量作为指标来衡量**。在大脑的指令下，皮质醇会在位于侧腹部的肾上腺皮质中形成，并且随着血液被反馈到大脑。

皮质醇进入大脑的杏仁核后，如果全部被 A 受体接收，那么此时的压力反应就是适度的；如果 A 受体已经都被填满了，多余的皮质醇就会被 B 受体接收，那么这时杏仁核就会认定皮质醇水平过高，也就是压力水平过高，从而做出强烈的反应，引发恐怖或不安的情绪，促使人逃离现场。

借用《自然》杂志上这篇文章的论述，这种时候大脑体现的特征被称为“Loss of Prefrontal Regulation”，即**“前额叶功能紊乱”**。前额叶皮质包括“中央执行网络”在内，负责“下行注意力”的思考行为。也就是说，**当压力反应过度时，所谓的“没时间思考了，逃命要紧”（根据情形也可能是“战斗要紧”）的想法，其实是大脑做出的抉择**。

在真正生死攸关的情况下，这样的反应非常重要，能够大大提高我们的生存率。

但是，这样的反应也会出现在重要的考试或发布会上，导致我们表现不佳。所以在现代社会，如何处理此类过度的压力反应就变得十分重要了。

不过这篇文章中提到的前额叶皮质的功能并不全面。过度的压力反应到底会导致哪些功能丧失呢？我在此也略作介绍，仅供参考。

前额叶皮质（Prefrontal Cortex）一般被略称为 PFC。dlPFC 和 rlPFC 都属于前额叶皮质。dl 和 rl 指的是前额叶皮质上的细节部位，r 代表“前侧”，l 代表“外侧”。当然，各位没有必要去记这些细节，只要知道前额叶皮质也分成许多不同部位，并且它们都各有不同的功能就可以了。

例如，dlPFC 是**掌管下行注意力的部位**。正因为有 dlPFC，我们才能按照自己的意志去关注事物或观看事物。我们能够自由思考，也正是多亏了它。

但是，一旦出现过度压力反应，dlPFC 的功能就会丧失，导致我们无法按照自己的意志思考或关注事物。

过度压力反应瞬间就会增强

那么大脑在压力反应过度的状态下会把注意力投向哪里？当然了，既然已经出现了压力反应过度的情况，那么消极偏见的影响力就会越来越大，导致注意力的焦点完全被负面信息所占据。

即便事件只发生在一瞬间，其产生的消极影响越大，越容易作用于我们的大脑，导致过度压力反应的产生，同时这件事就越容易在脑中形成深刻的记忆。**现实中只在一瞬间发**

生的事件却会在大脑中不断重演，并且每一次回忆都会加深这段记忆。

加强记忆的原则就是不断抽取这段记忆（使用记忆）。也就是“用进退废”原则。因此，当消极影响巨大的事件发生时，我们就会陷入消极的世界，最终导致慢性压力的形成，甚至是心理危险状态的形成。

此类消极影响巨大的体验可造成心理创伤。巴塞尔·范德考克（Bessel Van der Kolk）是心理创伤研究的权威，他的著作《身体从未忘记》详细记录了心理创伤治疗的现场实录和相关科学解释，推荐有兴趣的各位阅读。

“就算大声斥责，对方也不听”的科学理由

陷入过度压力反应的人不仅会丧失注意力，而且也无法自由思考。大家都有过在极度紧张时大脑变得一片空白、无法转动脑筋的经验吧？正确说来，这就是 dlPFC 功能紊乱，无法思考的状态。也就是说，**过度压力反应会导致思维停滞**。

职场上的上司对下属，学校里的老师对学生，家庭中的父母对孩子，都会有斥责对方的情况发生。当然在双方关系不明确的前提下，不能说责骂这件事本身就一定是不对的。然而，在大多数场合，责骂却都造成了恶性循环。

无论是上司、老师还是家长，基本上都是出于为了下属、学生和孩子考虑才会斥责对方。发怒也是一件很辛苦的事，要消耗大量的精力。正所谓，爱之深责之切。

被责骂者的大脑无法接收责骂者所说的内容

话虽如此，**如果斥责行为已经让对方产生了过度压力，那么很遗憾，斥责者所说的内容是一点儿也无法进入听者的大脑的。**因为这时他们的 dlPFC 已经失能了，根本无法思考，怎么可能理解并记住别人说的话呢？

这样一来，就算花费大量精力发了火，对方依然什么也听不进去，什么也记不住，所以才会犯同样的错误，陷入恶性循环。如果你会有“为什么他/她老是犯同样的错”的想法，不如检讨一下自己的沟通方式。大多数时候都是因为你让对方陷入了思维停滞的状态，对方的大脑已经无法思考到底犯了什么错，才会重蹈覆辙。

当然，实际上被责骂的人的大脑里也不是什么都留不住。大脑在这种情况下依然能够学到宝贵的经验，那就是“**责骂自己的人会给自己带来过度的压力反应，是危险的存在（信息）**”，下次应该尽量避开这个人。

没有谁会为了让别人认为自己是个可怕的人而去责骂对方。发怒是因为希望对方能够吸取教训。既然如此，那就更应该好好考虑如何才能传达这份心情。

愤怒的反应并非在任何情况下都是坏的。例如，当对方的行为有危及生命的风险时，发怒可以让对方心生恐惧，从而制止其行为。对于生物来说，这也是非常重要的经验。

但是有一点非常重要：如果是真心为对方着想，**希望对方能够学到些什么，那么就必须先让对方进入心理安全状态，否则学习的效率非常低下。**因为要让对方听懂你说的话，首先他/她的大脑必须能够思考。

只要是人就无法避免发怒，也没有必要避免发怒。这是我们必须要接受的事实。但是，当怒气涌上心头的时候，如果本来的目的是为了对方好，那么就应该给彼此一些时间，让各自的大脑都“冷却”一下，然后再进行沟通，否则就无法达到原本的目的。

实际上发怒的人自己也正出于心理危险和压力过度的状态，也就是说他们的大脑也不受控制，无法如本人所期望的那样与他人沟通，因此所说的话语根本无法传达。

为什么人会有出乎意料的不当行为

另外，rlPFC 有“抑制不当行为”的作用。然而在过度压力状态下，这个功能就无法运作，也就是说诱发不当行为的概率会提高。

大家应该都有过这样的经历。“为什么我说了那样的话？”“为什么我做了那样的事！”——我想每个人心中都曾如此后悔过吧！**有一些行为，即便冷静思考后发现其实是很不恰当的，但当时的你却仍然忍不住做出了这些行为。因为在那个时候，你已经无法思考，也无法克制自己的行为，所以才会做出连自己都感到出乎意料的行为。**

回忆起来，这种令你后悔的情况是否大多发生在你处于过度压力状态的时候？比如，你把因为工作堆积的压力发泄在无辜的家人身上。

过度的压力常常使我们做出意外的举动。但在这种情况下，我们的行为也不是随机的，而是由我们平时的思维方式和行为方式决定的。大脑会根据最常采用（记忆最牢固）的方式处理信息。是的，这正是默认模式网络的工作。

所以，我们平常就应该训练思维方式和言行举止，使之成为习惯，让身体记住（成为长期记忆保存在脑中）。只要做到这一点，那么即便我们处于过度压力状态，也能保持正常的行为。

但是大多数情况下，我们的定力并没有那么强大，所以大脑往往都会选择回到本能的逃避性的或攻击性的反应，从而做出令自己后悔的行为。

俗话说“落难见人心”，这句话说得不错。“落难”的时候正是陷入过度压力状态的时候，中央执行网络失能，就会由默认模式网络接过信息处理的指挥权，让人根据平常积累的行为模式做出反应。

正视压力就是正视自己

在面对压力时，我们不仅要检讨压力产生时的应对方式，还要重新审视自己日常的行为举止。

在没有压力的时候，我们要思考自己应该做一个什么样的人，应该怎样待人接物。只要能不断反思自己，**那么即便过度压力产生，我们也能够做到表现如常。**

为什么人们总说“定力”和“信念”很重要呢？没有谁能够决定你将成为什么样的人。这世上有许多崇高的思想和理念，你听得再多，如果只发出了“原来如此”“的确如此”的感叹，却没有进一步思考，那就毫无意义。只有在脑中不断思考，使大脑深深记住，才会形成有意义的条件反射。所以，理想的自己必须要靠自己打造。

光说不练是无法形成深刻记忆的，我们必须通过行动诱发情感记忆的作用。然而只有经验也是不够的，我们还必须不断回顾经验本身。

诚心默念，成为理想的自己

牢固的记忆依然需要我们发自内心地采取行动，不断重复，如此我们才会拥有自己所期望的行为举止。好好思考你想成为什么样的人吧，付诸实践，持之以恒，一步一步蜕变成理想的自己。

确保“心理安全感”是对付“黑暗压力”的第一步

1. 陷入心理危险状态时，引导我们恢复心理安全感的力量尤其重要。
2. 即便心理已经崩溃，只要有这股力量，就能更容易地将我们导向理想状态。因此，我们平时就要注意言行举止。
3. 在日常生活中我们就要不断地告诫自己：压力也有积极的一面，并且对我们的成长大有裨益，结合实际经验增强记忆。

练习 4 

重新认识“心理安全感”

注意以下几个重点，用语言描述能够给你带来心理安全感的事物，并尝试在脑中想象。

1. 从“人”“场所”“做……的时候”三方面出发，写出能够为你带来心理安全感的事物。如果以前不曾注意身边是否有这样的事物，那么你可以设想一下新的可能性，比如希望什么样的事物能够成为你的心理上的避风港。
2. “人”“场所”“做……的时候”为什么会让你感到安心呢？请写下答案。
3. 用语言表达对“人”“场所”“做……的时候”的感谢之情。

最重要的是，要让大脑牢记哪些事物能够为自己带来心理安全感。只有这样，当陷入心理危险状态时，大脑才会自然而然地做出寻求这些事物的联想。所以，我们才要像练习4那样用言语表达，并且在脑中呈现那些能够带来心理安全感的事物，也就是那些能让我们感到安心、能让我们依赖、能够成为我们心灵港湾的事物。

发现压力源，把“黑暗压力”扼杀在萌芽状态

对付“黑暗压力”的方法主要有两种：一种是直接对付

导致“黑暗压力”的源头，另一种是预防“黑暗压力”产生。后者尤其重要。因为大多数的“黑暗压力”是被我们自己的大脑加重的。

大多数人都有这样的印象：原本只是很小的压力源，不知何时就膨胀起来了。

其实，**如果我们能在压力反应还很微弱的时候就做出正确的处置，不让它恶化成“黑暗压力”，那么就能大大减轻我们的痛苦**。所以，我们首先应该思考如何应对这些微小的压力源。

有一种做法自古以来就被认为是很有效果的：当你察觉内心已经积攒了一定的压力时，就应该观察导致压力的间接原因是什么，即寻找“压力源”，并且把它们写在纸上。

尤其是在没有明确压力源的时候，如果只是莫名感受到压力，这种做法就更有效了。因为大脑非常不喜欢模糊不清的不确定状态。任何事物都有可能造成大脑的压力状态。

但是，大脑的压力反应机制从某种程度上来说是固定的，而造成压力反应的压力源却形形色色。**有时候单独的压力源自身并不能造成什么影响，但当多个压力源组合在一起时，却会使体内的压力反应慢性化或过度化，非常危险。**

你在感到有压力的瞬间，请扪心自问：“现在我的体内出现的压力反应，究竟从何而来？”倾听你内心的回答，把它们写下来，当你做完这一切，一定会发现从那一刻起，心情就开始平复下来。

发现压力源，放下压力源

单独存在的轻微压力源只会引发轻微的压力反应，如工作上的小失误、身边的小噪声、某人说的某句话、Wi-Fi 的速度太慢、时间来不及、上司的催促或一些日常生活中的力不从心……这些每一个都是微不足道的小事，但它们所引发的压力反应聚集在一起，在某个瞬间就可能会让你感到难以言表的巨大压力。

当我们注意到这些轻微的压力源时，往往会认为不是什么大事。而仅是如此给这些压力源贴上“无关紧要”的标签，其实就已经能够起到减轻压力的效果了。

另外，有时我们能够非常及时地想到明确的应对方法，或者还可能产生“为了这点小事产生压力太不值得”的想法，能够刻意地让自己放下这份压力。

所以，当这些轻微的压力积压起来时，我们只要能够做到“发现”与“放下”，换句话说就是“你好”与“再见”，大多数情况下就都能够解决这个问题。

通过使存在于脑中的模糊不清的压力源变得清晰明确，我们可以阻止“黑暗压力”的生长。就像先人的经验告诉我们把压力源写出来会让自己平静下来，神经科学也已经证明这确实是有效的方法。

不过，很多人一旦察觉到压力源的存在，就会产生想要立刻解决它的想法。如果能够轻易解决，那倒会是美事一桩。然而，寻找解决方法这件事本身并不能够缓解压力。

能够引发压力反应的信息如果没有通过大脑或身体，那么就不会引发压力反应。有的压力反应来自记忆，比如经历过一些不愉快的体验后，大脑就会反复回想，甚至因此做出更为悲观的预测。所以也可以说，如果大脑里本就不存在不愉快的记忆，那么压力反应也就无从产生。

正因为如此，**面对轻微的压力源，与其把注意力全都放在压力源本身上，不如学会放下，即刻意忘记，这样才是更为有效的做法**。如果没有好的方法却硬要解决压力的问题，那就只会让大脑给予压力源更多关注，从而形成“黑暗压力”。

练习 5 

“发现”与“放下”压力源的步骤

请按照下列顺序，用语言表达你所感受到的压力，通过贴标签或思考应对方法，练习“放下”压力。

1. 你现在感到的压力从何而来？即便只是小事也无妨，把它们全部写下来。
2. 观察每一个你写下的压力源，可以给它们贴上“没什么大不了”的标签，或者思考明确的对应方法，也可以告诉自己“烦恼也没用”，学会对它们放手。“放下”压力是重点，没有必要非得解决问题不可。
3. 仔细体会“发现”与“放下”压力源之后恢复平静的感觉。

企图解决所有压力，只会让人痛苦不堪。我们的时间有限，哪有这样的空闲。所以“发现”与“放下”是我们对付压力的重要技能。

主动用脑，放下压力源

“把压力源写下来”有时非常有用，不过它不是唯一的方法，主动用脑也是一个非常有效的方法。即便是轻微的压力反应，如果总是去回想，重复使用神经回路，也可能会使压力增大。

有些人还会在回想的过程中联想其他的记忆，给原本的记忆添油加醋，甚至想象出根本不存在的情节，导致轻微的压力进化成“黑暗压力”。所以，**当我们察觉压力源比较轻微时，为了防止大脑记住它，就可以让大脑做些别的事情，避免轻微压力发展成“黑暗压力”**。

关键在于我们必须主动地做一些行为。

当某件不愉快的事情发生后，我们总会不由自主地回想这件事——这就是大脑主动的记忆搜索行为。但是，大脑无法同时做多个不同的主动行为，所以只要让它去做另一件事，就能防止对于不愉快事件的回想，以免这不愉快的回忆恶化成“黑暗压力”。重点是这件事不能是被动的行为，而必须是主动的行为。

例如，为了解闷而看电视、看电影、听音乐，这些行为的性质就更偏向于被动。如果压力源很微小，那么自己喜欢的节目或者电影确实能够起到转移注意力的作用，但这种观看的行为通常都是“不作他想”的状态，在这个过程中大脑还是有可能突然关注到压力源的存在，因此未必会有好的效果。

运动、绘画、写作……用这些行为消耗大脑的资源

那么，什么才是真正的主动用脑呢？当然了，刻意去思

考一件不相关的事情也是一种主动用脑的方法。但是，如果压力本就来源于负面的记忆或消极的想法，那么就很难要求大脑去思考别的事情。因此，我建议大家选择一些必须伴随肢体动作的思考行为。

典型的例子就是运动。但如果只是放空心思散步或者慢跑，也不足以让我们把注意力都放在这些运动本身上。**尤其是已经习惯的或者身体上没什么负担的运动，做这些运动的时候大脑依然有余力去回忆不愉快的事情。**

专注运动，避免思考压力源

举个简单的例子。当我们在全力奔跑的时候，就无法分心去思考不愉快的事情，但轻松慢跑的时候，那些不愉快的记忆就很容易浮上心头。

运动本身就有减轻压力的效果，不过负担较大或者难度较大的运动则更好。比如，瑜伽就是很好的选择。做瑜伽的时候要让身体摆出平常不太会做的姿势，因此需要对自己的身体投注特别大的注意力。所以，我建议选择较为复杂的运动，也可以把一些简单的运动组合起来，刻意地将它们复杂化，从而引开注意力，避免接触无用的心理压力。

除了运动，还有绘画、写作、演奏乐器、拼模型、搭乐高等，这些都是不错的选择。让大脑必须不断思考下一步应该怎么做，这就是主动用脑。

总的来说，**压力反应的产生依靠的是从大脑到全身的一整套线路。只要这套线路被别的事情充分占据，那么压力反应就自然无从发生，这是很简单的道理。**因此想要避免轻微的压力源在大脑中扎根，就要刻意让大脑专注于其他事物。

关注目的，抛开压力源

平常不怎么吵架的情侣，可能会在机场或者海外旅行的时候争吵。在值机柜台前也经常能看到怒吼的人。不习惯出国旅行的人，常常会积攒许多微小的压力源；明明是愉快的旅行，他们却只能感受到巨大的压力。

其实，在这种时候，如果能够客观地认识自我，**那么想一想我们做这件事的“目的”是什么，这对于减轻压力是很有帮助的。**因为身边的压力源和脑中的压力反应可能已经让你完全忽视了旅行的目的。

“这次旅行是为了与这个人一起度过愉快的时光。”当你想起这一点时，就在那一瞬间你的注意力就会离开压力源，把你从无意义的“黑暗压力”中解放出来。

当然，除了旅行，这个方法对于工作和学习也是有效的。在压力状态下，我们很难集中注意力去工作或学习，从而导致积极性降低，表现变差。

所以，对于轻微的压力源，我们要有敏锐的觉察力，发现它们之后给它们贴上标签，对它们放手，并且把注意力转移到自己的目的上。只有这样，我们才能更多地关注积极压力，提高工作和学习的效率。关于积极压力，我们将在第3章“光明压力”相关的内容中进行详述。

“心理性压力反应”为什么会产生?

与物理性、化学性、生物性压力源相比，心理性压力源比较复杂。我们在第1章也介绍过，心理性压力源是很难习惯的，是很容易恶化的。

那么，相应的心理性压力反应为什么会产生呢?

本节主要对心理性压力反应的产生机制进行解释。

对心理性压力反应影响最大的因素是过去的经验和基于知识而形成的记忆。相反，如果没有记忆和知识，心理性压力反应也就无从产生了。

例如，当看到有人痛苦地抱着肚子，双手沾满鲜血的时候，大多数人都会受到惊吓吧。这是因为从眼前的景象我们推测出这个人可能被刀刺或者被枪击了。而之所以有这样的推测，是因为有脑中存储的知识和经验作为依据。

但是，即便有这样的知识和经验，如果大脑没有推测的功能，那么心理性压力反应产生的概率就会大幅下降。

也就是说，**引发心理性压力反应的原因有二：一是脑中存储的记忆，二是基于这些记忆的推测功能。**

平时，尤其在没有压力的情况下，我们会根据既有信息，无意识地做出一些期待或者报酬预测。当然，这些期待和预测也可能是刻意为之的。

正因为有期待和付出，才会产生压力反应

无论是否刻意为之，诞生自记忆的期待和报酬预测，往往就会成为心理性压力反应的开端。因此，造成心理性压力反应的压力源也被称为**“预测值落差”**或**“期待值落差”**。

当事实结果与期待和报酬的预测值不一致的时候，就会形成预测值落差或期待值落差，作为产生压力反应的信号释放到大脑和全身。

人类基本上都会对意料之外的事物感到棘手。当不能依靠记忆和经验进行推测的事情发生时，人们就很容易激发消极偏见，并且提高警戒心（当然，根据环境和日常心态的不

同，大脑也可能进化成易于接受甚至乐于接受“意外”的状态）。这种反应在远古时代是至关重要的，但对于现代人来说就有些画蛇添足了。

对某些事物付出得越多，与某些人关系越深，脑中关于他们的记忆也就越牢固，当然对于他们的要求和期待也会变得越来越多。

不仅与他人的关系如此，对于自己的行动，我们也抱有相同的心态。在与自己相关的事上付出的时间越多，我们对于自己的期待也就越高。

这不见得就是坏事。只是我们必须明白，**在不知不觉中产生的期待会引发更大的预测值落差或期待值落差，从而导致巨大的压力反应**。

其实，愿意全情投入是一件很了不起的事，这种奉献精神非常可贵。但是，过度期待会模糊本来的目的，让人产生压力，带来愤怒和挫折，使得原本的努力化为泡影。

因此，我们应该认清预测值落差或期待值落差的性质，也只有这样，我们才能更好地与他人和自我相处，从而帮助我们更好地与产生自预测值落差或期待值落差的“黑暗压力”相处。

调整“期待值”，避免“黑暗压力”的产生

在不知不觉中对他人抱有期待，就很容易成为压力反应

的产生原因。因此，**练习如何不对他人产生期待，也是一个对付压力的有效方法**。

例如，你交给了你的某个下属一件重要工作。从你交代工作的瞬间开始，你的大脑就对这位下属产生了“他多少总是能够完成的吧”之类的期待。如果对方确实如你预期的那样完成了工作，甚至比你预期的完成得更好，那自然是再好不过了。但如果对方没能完成工作，或者说没能达到你的预期，那么这时你的大脑就会向全身释放压力反应。

对于你来说，这是意料之外的情况。因为你不曾针对这种情况进行预期，所以导致了压力反应。所以，如果你能够在自己的内心事先调整期待值的大小，那么就会降低结果的“意外性”，从而避免压力反应的产生。尤其对于那些拜托别人时容易焦虑或动怒的人来说，这是非常有效的方法。

当下属的工作成果不如你的预期，预测值落差引发的巨大压力反应让你勃然大怒时，首先你的前额叶皮质就会出现活性降低的情况。此时你可能已经很难正常表达自己的本意，而对方则可能因为感受到你的怒火而同样陷入压力反应无法思考。

在这种情况下，即便你说的话再有道理，对方也听不进去，只会造成不断犯错的恶性循环。

因此，在拜托别人做事时容易发火的人，**应该练习主动降低自己的期望值，这能够大幅度地抑制压力反应的产生**。实际上，导致自己产生压力反应的根本原因，其实在于错误预计了对方的能力，这也是自己的责任。

另外，对方的表现与自己的预期不符，其实也表明彼此在期望值上没有达成一致，双方都有责任。如果你经常觉得工作伙伴的表现不如你的期待，那么你应该反思自己与对方是否存在沟通不良的问题，因为显然你们对于期待值的认知是不一致的。

我们必须明白，只要有事拜托别人，期待就会产生。而双方对于同一件事的期待值需要细微的调整。在接受结果时，我们应该降低自己的期望值，只有这样才能尽可能地避免过度的压力反应产生。

必须注意的是，虽然要调整自己内心的期待值，但这不意味着对他人抱有期待就是错误的，也不意味着我们必须在对方面前表现出一副无所谓的样子，因为“不期待”往往会降低对方的干劲（当然也有人会为了让别人刮目相看而更加努力，不能一概而论）。

总的来说，这只是一个避免来自“意料之外”的过度压力反应的一种技能。希望大家都能注意并管理好自己内心的期待。

当你第一次和别人一起工作的时候，你们根本不知道彼此的“标准”是什么。有些事你认为是理所当然的，而对方却不然。正因为如此，在相识之初，你必须要尽可能详细地了解彼此的期待值，在感受上达成共识。

调整期待值

几次沟通之后，大脑就能精确地计算出我们对于对方的期待值，从而帮助我们避免不必要的压力反应。

而且在调整期待值的过程中，双方能够建立信任，对彼此产生兴趣和相互了解的意愿，形成默契的伙伴关系。这样的关系才能超越语言沟通。

无意中的期待是否引发了你的压力反应？

很多心理性压力反应的成因来自无意中对他人的期待。大家可以通过回想自己过去的经历来理解这个事实。

比如，最近与别人说话时，你是否有过生气或焦躁的情绪？去回想不愉快的事肯定是不好受的，但是请大家把这种回想当作一个简单的练习，以轻松的心情书写下来吧。想一想，当时对于对方，自己抱持着什么样的期待和什么样的想法？

相信你一定会发现，当时的压力反应正是因为现实与自己的期望相差太大而产生的。压力的源头，很大一部分其实就在自己身上。

或许只是一件根本不值得动怒的小事，只是双方的期待值调整有问题罢了。总而言之，希望大家能够明白，自己对别人的期待与压力反应有着直接的关联。下一次再有需要拜托别人的时候，你应该以更为客观的立场观察双方的沟通状态。

练习 6

如何察觉无意中的期待

按照以下步骤，从最近的日常生活中找出“无意中的期待”。

1. 最近与别人交流时，你是否有过生气或焦躁的情绪？请写在纸上。
2. 当时你对于对方抱有什么样的期待或想法？请写下来。
3. 客观地思考刚才写下的内容。如果你觉得其实只是件小事，那就贴上“没什么大不了”的标签，然后放手；如果你认为原因在于沟通不足，那么就写下你认为的调整期待值的方法。

价值观会造成“期待值落差”，诱发压力反应

期待值落差为什么会产生呢？正如前文已经介绍过的，其实那是记忆的影响。那么，什么样的记忆会使我们产生期待值落差呢？

那就是引导我们认识到“对自己来说是理所当然的”记忆。包括平时的想法、感受、言行举止在内，这些我们**经常使用的神经回路信息，都会成为对我们来说理所当然的记忆**。

人类的记忆通过各种各样的体验在脑中蓄积信息。正如下图所示，当我们拥有了某种体验之后，大脑中的海马体就会记录相关的记忆。但是，人类的大脑不仅会记录当时的情

海马体保存情景记忆，杏仁核保存情绪记忆

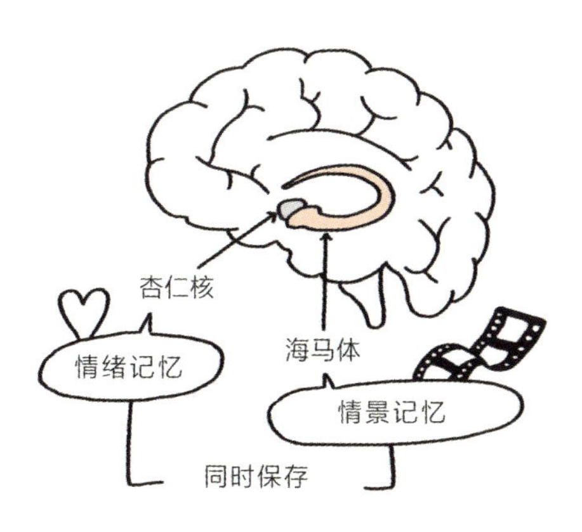

景，还会在杏仁核内保存当时的感受，即情绪记忆（情绪反应记忆）。

此外，我们的记忆机制不仅仅局限于此，如果这些体验的记忆多次累积起来，那么从海马体的后侧向前侧（或外侧），就会出现信息（记忆）的模式化或一般化的现象。[16]

越到海马体的前侧，来自后侧的相似信息的输入就越多，越有可能受到强烈刺激，所以神经细胞更为强固，保存的信息也更容易变成长期记忆。

此类伴随感受和情绪的经验产生的强烈的模式化记忆被称为价值记忆。顾名思义，这些记忆与我们的价值观的形成息息相关。应该没有人会否认，我们每个人的价值观实际上是由我们走过的人生道路，以及我们对这条道路的解释和感受方式而形成的。

价值观的形成对大脑很重要，因为它有助于将我们在日常生活中应有的、属于自己的行为方式在大脑中进行模式化和效率化的处理。如果经常使用的想法、感觉方式和行为方式能够形成一定的模式，那么大脑处理信息的效率就会大大提高。

但是，这种大脑的模式化学习虽然对于我们来说是非常有效的，但一旦接收到不符合模式的信息，大脑就会产生违和感，并向前扣带回皮质发出警报，同时也向杏仁核传送不安的信息，这些信息经由脑岛皮质合并，形成所谓的“危机感”。这是一种巨大的压力反应，导致皮质醇被释放到全身，极有可能使前额叶皮质功能减退。

审视价值观，了解自己容易对什么产生期待

正因为如此，审视自己的价值观很重要。因为**价值观会造成期待值落差，引发过度的压力反应，成为让你无法保持冷静的重要原因**。客观地认识这一点有助于处理这个问题。

认识并重视自己的价值观是好事情，但是如果把它作为对别人的期待，甚至强加给别人，那就反而有可能造成自己的压力反应。

首先你必须明白，正如你的价值观建立于你自己的人生体验之上，其他人也从完全不同的人生体验中建立了他们自己的价值观。

成长环境和生活环境相似的人很容易形成相似的价值观。但即便如此，也不是所有人都拥有同样的人生经历。**每个人的想法、感受、身处的情况各不相同——如果你能够深刻体会这个道理，那么因价值观的差距而引发的压力反应势必能得到缓和**。

尽管如此，我们的价值观对大脑的影响还是很大的。有时候无论多么客观，我们都很难接受不同的标准。所以，我们更要提前认清自己的价值观，思考什么是自己难以接受的。

练习 7 

审视价值观的四种方法

回想下列四件事物，确认自己的价值观。

1. 愤怒的经验

最近有什么事令你感到异常愤怒吗？当时你对对方有什么要求（期待）呢？为什么会有这样的要求（期待）呢？原因一定与你的某个重要的价值观有着密切的关系。请试着回忆，你是因为觉得什么很重要，才会如此愤怒呢？

2. 感动的作品

什么样的作品（电影或书籍等）会让你感动？是关于亲情、兄弟之情、友情，还是关于正义的？在那部作品中，一定有令你震撼的情节，它必定触动了你内心的某份重要的情感，想一想那是什么呢？

3. 欣赏的名言

你最欣赏的名言是什么？如果一时想不到，可以上网搜索。让你醍醐灌顶或福至心灵的名言是哪一句呢？那句话一定让你联想到了某段珍贵的经历吧?!

4. 尊敬的人物

你最尊敬的人是谁呢？你对那个人抱有什么样的憧憬之情？那份憧憬一定反映了你的某个理想、某个愿望，它们也必定与你的价值观一脉相承。

如果你愿意填补双方在价值观上的差距，那就这样做；如果不愿意，放弃也是一个选择。

我们的关注对象是有限的，当然有交集的人也是有限的。每个人都有自己的价值观，虽说明白这一点很重要，但也没有必要强迫自己与每个人都相处融洽。

接受并尊重差异是一码事，但你人生选择的大前提是尊重你自己的价值观。

如果你与对方的价值观差异太大，令你无法专注于自己想做的事情，或许可以选择放手。当然，对于有些人来说，即使双方的价值观有很大差距，也会选择为了拓宽自己的视野，促进自己的学习和成长，而与对方继续相处。

这世上已有许多审查价值观的方法。

如果你已经有自己喜欢的方法，当然可以善加利用。在这里我也推荐从练习 7 中选择适合你的方法。

奉献心的陷阱："奖励偏差"引起的压力反应

奉献指的是为他人做事，而乐于为他人做事的心态被称为"奉献心"。

为他人谋福利，是珍贵的品质，听起来也非常高尚。在许多教育环境中，学生通常会被这样教导。但**被指导、被强迫出来的奉献很容易成为压力反应的种子**。甚至自发的奉献心也有可能导致压力反应。

因为我们所受到的教育、所处的环境大多数情况下都在教育我们“公平是正确的”，所以我们的大脑内形成了一种价值记忆。别人为你做了什么，你当然要回报对方；想得到什么必须付出相应的报酬。理所当然的，我们的大脑在任何地方都在体验着公平的“给予和接受”关系。

这就是为什么我们会对不公平做出强烈反应的原因。同样，大脑中这种根深蒂固的公平精神，或者说这种模式化的信息处理方式，会对奉献心产生两种主要的反应。

其中一种反应是：刚开始你的确是抱着为他人奉献的心态，但随着你越来越意识到自己做了很多事，大脑就会不断地积累情景记忆和情绪记忆，既有价值观中的公平精神就会开始起作用，让你产生“我为你做了那么多，你也应该给我一些回报”的念头。这就是所谓的“奖励偏差”。

奖励偏差是在社会和环境的强烈影响下形成的，很难消除，也没有必要完全消除，毕竟大部分的生活场景都必须建立在公平交易的基础上，所以在现代社会，奖励偏差其实是一种必要的感受。

因此，我们没有必要贬低奖励偏差的反应。相反，这是生物学意义上的一种健康反应。

然而，对于想要保持奉献心，为他人着想的人来说，奖励偏差却是一个很大的绊脚石。

奉献行为容易与大脑中既存的公平交换观念产生矛盾，

从而有可能引发强烈的压力反应。一次性的奉献行为或许不难，但持续性的奉献行为对大脑来说却是非常大的负担。下面介绍的就是减轻这种负担的方法。

牢记“为他人即为自己”的道理

想要保持奉献心，持续为他人做贡献，重要的不是消除奖励偏差本身，而是在脑中建立起新的奖励偏差。

也就是说，我们要告诉自己：为了对方而做的事情，实际上也给自己带来了好处，只是还没有注意到而已。在主动开始为他人奉献之后，你不要去期待对方会给予自己什么样的回报，而应该站在客观的视角思考自己已经获得的东西。因为做了这件事，你可能会从对方那里得到感谢，也可能会获得内心的平静。其实，除了显而易见的报酬以外，你一定得到了其他有意义的东西，而领悟到这一点，并且有能力去探索这些意义，是非常重要的。

当然，对感谢和内心平静的期待也可能是造成期待值落差的原因。最好的做法其实是在自己的内心寻找，去发现自己通过奉献的行为获得了什么样的感受、思考和成长。换句话说，就是从自己的内在世界找到奉献行为的目的和意义。告诉自己：“我奉献是因为我想成为这样的人。”这样的奉献既是为了别人，也是为了自己。

是的，提到奉献，大多数人都觉得是为了别人，却忽略了自己也能从中获得益处。所以，大脑的奖励偏差才会导致压力反应，最终这种奉献行为也不能持久。

世人总说奉献精神是很重要的，但是**人毕竟不是神佛，作为区区的生物，通过牺牲自己去为别人奉献是很难做到的事情**。以奉献为己任，有可能造成慢性压力。

这个世界上有很多伟人都是在牺牲自己成全他人，因为有这样的美谈，所以人们普遍认为自我牺牲是很伟大的。但是那些伟人中的大部分人可能根本就不认为自己做了什么牺牲和奉献。只不过周围的人擅自认定了他们是自我牺牲而已。为了他人付出精力和时间，确实乍一看好像是自我牺牲，但当事人之所以能够坚持付出，一定是因为从中获得了价值和成就感。自我牺牲的过程也许会有痛苦，但这是他们自己想做的事。从这个意义上来说，奉献也是利己的行为，因为我们能认识到自己对自己的回报。

既然大脑中存在着根深蒂固的奖励偏差，那么要持续地做对自己没有真正好处的事情应该是非常困难的。但是，对于人类的社会生活来说，奉献行为却是有利于自己的，因为它能让我们被他人所需要。只不过如果只是盲目付出，而忽视行为本身对自己的回报，那就很难持之以恒。因此，**我们必须学会理解“为他人即为自己”的道理，并且将它用于自我成长的过程。**

从生物学角度来看，我们不应该否定利己的行为。食欲、性欲、睡意都是我们延续生命和繁衍族群所必需的欲望，在生命的程序中它们本就被设置成是利己的，是自然规律的一部分。同样，把自己的举止和言行的利己性作为问题看待也是违背自然的。我们应该思考的是，**基于自己的欲望和愿望而产生的利己行为，如何能够对他人有所帮助**。这样就能够减轻由于在奉献行为中忽视自己而产生的压力。

不爱惜自己的人，一定做不到珍惜别人。因此，奉献本质上既是利他的，又是利己的。如果你过去总觉得奉献就是"为他人"，那就有必要改变心态。

所以即使是志愿者，也要心怀感谢与对方接触，感谢对方给予自己奉献的机会，只有这样才能培养出真正的奉献精神。志愿者的英文是"Volunteer"，这个词是从"Voluntary"，也就是"自愿的"而来，所以志愿活动的立场首先就应该是"自愿"。

从"为人"转变到"为己"，这个循环不仅能够治愈我们的心灵，也能让我们的胸怀变得更加宽广。

不是"为你做"，而是"感谢你让我做"

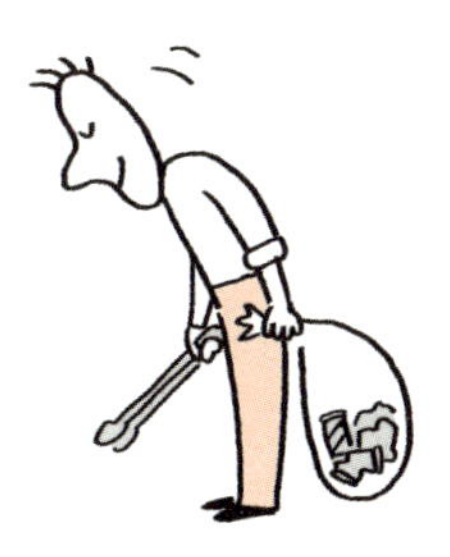

• “黑暗压力”的应对策略
——利用大脑和身体的恒定性

爱笑的人有福气——β-内啡肽的效果

接下来，我们将从大脑和身体所具有的恒定性机制出发，进一步探讨“黑暗压力”的应对策略。在压力反应发生时，我们的身体其实已经有了自然缓和压力状态的机制。这套机制就是本节的学习重点。

请大家在阅读本节的过程中发挥想象力，想一想在自己所处的环境中有哪些元素是能够带来恒定性的。

首先第一种元素是叫作β-内啡肽的神经递质，是大脑自然产生的快乐性物质。

大脑制造β-内啡肽的时候，人很容易感受到疼痛的缓和或内心的平静。

据说，捧腹大笑的时候就是大脑最容易分泌β-内啡肽的时候。“笑”这个行为，能够很好地调整我们的体内状态。

有一个很有名的例子。著名的美国编辑诺曼·卡曾斯在大约50岁的时候，罹患了一种名为“胶原病”的疾病。用他自己的话来说，这个病让他感到仿佛有货车从他身上碾过一样的剧痛。[17]在病痛中，他开始坚持每天看喜剧节目。

因为当时没有能够明确治疗这种疾病的方法，本就绝望的他如果什么都不做，满脑子消极思想，只会让身体状况越来越恶化。这时候他发现，当自己在看喜剧时捧腹大笑之后，竟然有几分钟能够感到疼痛减轻了。

当时普遍认为那是不可能的事，但现在医学界已经证实，“笑”能够促使大脑分泌β－内啡肽，不仅能缓解疼痛，还能增强免疫力。[18]

就这样，他克服了当时认为是不治之症的“胶原病”。当然，也许这不能全部归功于“笑”这个行为，但毫无疑问他的大笑起到了很大的作用。

心理压力的可怕之处在于，它是在不知不觉中提高的，这不仅会让人心情抑郁，还会导致免疫功能下降。而且人越抑郁，越容易注意到消极的事情，陷入消极的循环。

因此，**如果在心中有一个能让自己真心实意地笑出来的存在，那么它一定会成为我们能够挣脱“黑暗压力”束缚的关键**。

在众多文明和文化中，都存在着喜剧的艺术，并且为人们所喜爱，这正是因为人类作为生物，是通过“笑”这种行为与各种各样的压力反应和解的。

当然，根据成长环境的不同，每个人脑中存储的记忆是不同的，所以每个人的笑点也不同。因此，我们应该善于寻找生活中那些能够“戳中”自己的笑点的人、事、物，以丰富我们的人生。

为什么所有文明中都有音乐和舞蹈存在——血清素的效果

和喜剧一样，音乐和舞蹈也存在于所有文明中。这是巧合吗？配合着音乐享受地舞动身体。为什么人会创造出音乐呢？

答案藏在“抖脚”这个动作里。当然，抖脚不能和跳舞相提并论，但我们中很多人在产生压力反应、焦躁不安的时候，都会忍不住抖脚或敲手指。这又是为什么呢？

实际上，在进行这种节奏单调的运动时，大脑容易产生被称为血清素的化学物质。没错，“抖脚”是一种当事人对压力的适应性反应。为了不让压力过大，身体自动做出调整，从而引发此类节奏单调的动作。

很多人对“抖脚”印象不佳，但是这和跟随音乐节奏舞动是一样的，也是促使大脑分泌血清素的行为。大家可能都有过在跳舞的时候，甚至仅仅是跟着音乐节奏摆动身体的时候，感到心情舒畅的经历吧？[19]这其中也有血清素的功劳。

这样想来，日常生活中充满了这种节奏单调的运动。为什么在哄孩子睡觉的时候要轻轻地拍他们呢？停止轻拍，孩子反而睡不安稳。无论是哄睡的大人还是被哄睡的孩子，这种节奏单调的轻拍动作会让双方都平静下来。

除了音乐、舞蹈和轻拍的动作，咀嚼、步行、敲木鱼等节奏性的动作也很有意义。比如，职业棒球选手经常在长椅上嚼口香糖，可能也是因为这让他们感到安心。

关键在于我们要找到适合自己的单调节奏，并且将它作为能够让自己恢复冷静的“法宝”。

这是因为，**如果只是单纯地把它当作单调的工作来完成，反而可能会产生“为什么必须做这种事”的想法，并且受到这种想法的干扰而造成压力。**但是，如果有意识地对自己强调这个单调的节奏能够让我们冷静，大脑就会随之开始分泌血清素。

一旦开始思考“为什么必须做这种事”，大脑就会把所有功能都用于思考这个念头，当然也就没有余地生产血清素了。所以在进行单调节奏动作之前，首先要找到你认为能够让自己恢复冷静的地点、行为或惯例。

某位知名企业家认为洗碗是一种能够让他平静的惯例行为。另外一位女性企业家则说：“每当因为工作焦虑不堪时，我都会买三颗卷心菜回家，然后把它们切成丝。这样做能让我冷静。”

不同的人有不同的独特的单调节奏动作。有人喜欢用镊子拔自己的体毛，有人喜欢捏包装用的气泡膜，也有人喜欢对手指。

大家的单调节奏动作是什么呢？

如果没有，可以试着在好好了解自己的前提下主动创造一个属于自己的单调节奏动作。

做一些让你感到“恰到好处”的运动
——β-内啡肽和血清素的效果

运动的重要性已经被说尽了。在应对“黑暗压力”方面，运动也是非常有效的。因为运动会在大脑和身体内引起各种各样的反应，最终都有助于缓解压力。

这里仅就运动时需要注意的要点做简单说明。**如果是以减轻“黑暗压力”为目的，就最好选择“有点吃力”的运动。**“特别吃力”的也可以，但是对于没有运动习惯的人来说，可能会造成新的压力，所以稍微有点吃力的运动最佳。绝对不能是很轻松的运动，太轻松是没有效果的。

虽然累不累的标准是因人而异的，但总的来说，大家应该按照自己的感觉选择“有点吃力”的运动。

为什么不能太轻松呢？悠闲的散步、慢跑等使我们负担太轻，以至于我们的注意力不能集中在运动本身上。既然不需要集中注意力就能轻松完成，那么大脑就可以分出精力去思考不愉快的事，于是运动最终以满脑子的消极回忆告终。

相反，**如果是比较吃力的运动，大脑就没有余地去考虑别的事了。所有脑回路都忙于应付这项运动，无法发动压力反应。**除了比较激烈的运动，我们还可以选择瑜伽、舞蹈之类包含复杂动作的运动。这类运动也需要集中注意力，所以也是比较有效的。

话虽如此，不管动作多么复杂，只要不断重复就会习惯，习惯后就不再“吃力”，大脑也会重新回到有余力想起消极记忆的状态。因此，用运动来缓解“黑暗压力”的过程中还必须注意对运动强度的调整，或者加入一些新鲜的动作。

另外，“有点吃力”的运动也是会产生压力的。只不过它产生的不是心理压力，而是肌肉上的身体压力。**大脑和身体为了缓解这种肉体上的压力会释放β-内啡肽和血清素等化学物质**。[20]

无论出于什么理由，大脑分泌的β-内啡肽和血清素是不变的，拥有相同的分子结构。造成心理压力和肉体压力的大脑工作机制总的来说是相类似的。但是身体压力产生时，身体会降低皮质醇的活性，并将其转换为皮质酮。[21]

因此，最好在通过运动激发这个机制之后再开始工作或学习。**即便是因运动导致的身体疲劳而产生的β-内啡肽和血清素，对于缓解精神上和心理上的压力也是非常有效的**。

大家可能听过“跑者愉悦感”这个词。

人们在身体过度疲劳的状态下，本应该感到疼痛和压力，但实际上，却往往感到浑身舒畅，状态绝佳。这是因为大脑和身体在面对巨大的压力反应时启动了恒定性功能，释放出快乐和舒缓的化学物质以减轻压力。

当我们的身体大量出汗，并且感觉到一种“恰到好处”的疲劳的时候，往往就是我们感叹“运动好舒服啊”的时候。希望大家都能找到此类运动，当然是要适合自己的，养成日常坚持运动的良好习惯。

另外，运动后心理压力不易产生，并且会形成一个注意力非常高，有利于记忆的状态。

所以，我建议大家在工作或学习之前，抓住上午的时间做一些适度的运动。在运动所带来的恒定反应之外，朝阳也会促使大脑分泌血清素，带给我们一天的好心情。

越是在忙碌的时候，以及越是在容易感到压力的时候，越应该进行“有点吃力”的运动，即便只有短短的15分钟也好。

有意识地操纵大脑的自动开关——副交感神经的效果

大脑有一套能够自主地控制身体行为的系统，叫作自主神经系统。自主神经系统分为两大部分，一是交感神经，二是副交感神经。如下页图所示，交感神经和副交感神经虽然路线不同，但都从脑和脊髓等中枢神经延伸到全身的脏器，并发挥作用。

交感神经和副交感神经之所以通过不同的路线到达同一个身体部位，是因为它们各自承担着互相制衡的作用。**交感神经常常被称为“战或逃”（Fight or Flight）神经系统。也就是说，它是为了“Fight”（战斗）或“Flight”（逃跑）的神经系统。**

“战斗”和“逃跑”，对于提高生存概率都是非常重要的。因此，我们的交感神经会自主地进行控制。例如，它使我们心跳加快，加速血液循环，把作为能量源的葡萄糖等物质更快地送往全身。

交感神经和副交感神经
通过不同路线作用于相同的器官

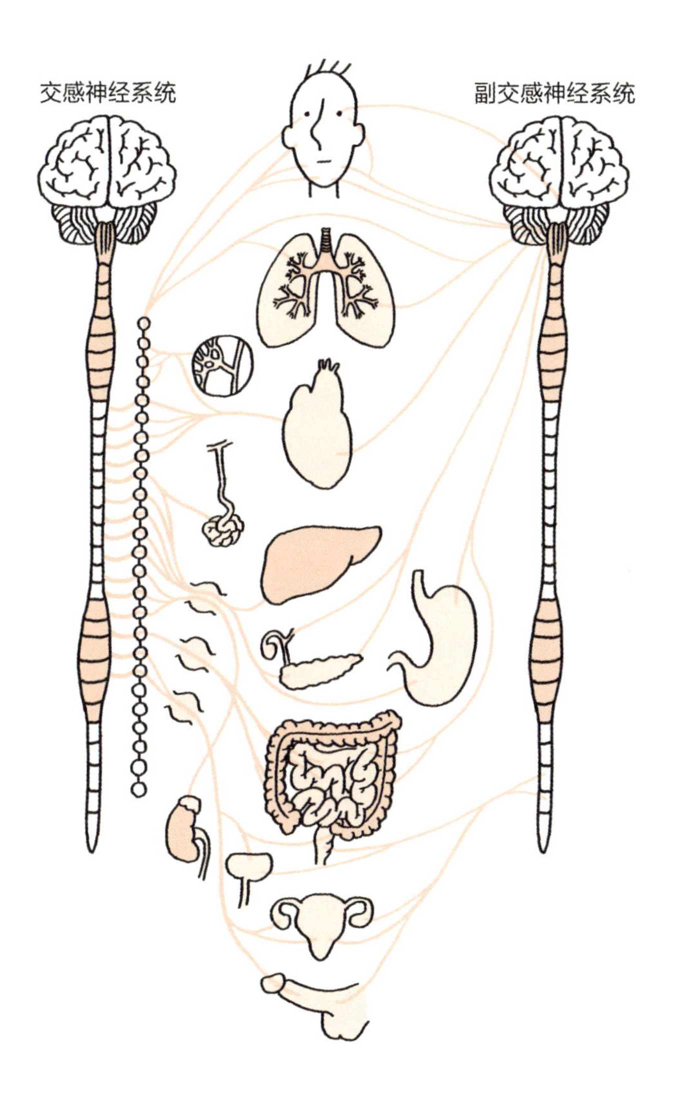

交感神经还会使膀胱扩张，让尿液难以排出。因为需要战斗或逃跑的时候，没人还有时间排尿。

副交感神经被称为“休息或消化”（Rest or Digest）神经系统。也就是说，它在促进“休息”和“消化”活动方面更能发挥优势。副交感神经可以说是我们积蓄能量的重要神经系统。正因为有它，交感神经才能在我们有干劲的时候正常运作。

因此，交感神经和副交感神经之间的平衡很重要，一旦紊乱，就会引发自主神经功能失调症。当我们承受过度的压力时，交感神经会掌握主导权。因此，如果能够有意识地引导副交感神经工作，那么就可以弱化交感神经的活动。

方法有很多，本书将介绍几个比较简单的方法，希望大家可以从中选择适合自己并便于执行的方法，运用到日常生活中去。

启动副交感神经❶——长吐气呼吸法

首先是老生常谈的“深呼吸”。

无论是谁，只要调整呼吸就应该会有慢慢平静下来的感觉。

但是从神经科学的观点来看，深呼吸的方法还可以得到进一步的补充，那就是有节奏地缩短吸气的时间，延长吐气的时间。

因为有节奏的动作会分泌血清素。实际上，**吸气的时候是交感神经起主导作用，而吐气的时候则是副交感神经。**

你在感到愤怒或压力很大的时候，就会忙于吸气，无法深深地吐气吧？或者，你在感到“心塞”的时候，也会感觉呼吸困难。

先舒舒服服地吸一口气，然后缓缓地一吐到底，当然吐气的动作不要让自己觉得不舒服。如此，副交感神经就被激活了。即便只有1分钟左右，只要集中精力呼吸，就能平静下来。

短吸长吐呼吸法

当然了，到了真正慌乱的时候，一定很难做到有节奏的呼吸。因此，平时就应该多少练习一下呼吸法，有需要的时候就能用上了。

许多修行的方法里都包含了呼吸法。因为确实有许多人都证明了仅靠呼吸就能够调节自己的内在状态。

呼吸很简单，但是呼吸也讲究技巧。不过，你也不必把呼吸想得很难，轻轻地吸气，长长地吐气，让自己感觉舒服最重要。请大家一定要试试。

启动副交感神经❷——专心饮食法

吃饭也是一个我们可以好好利用的方法。大家是不是听过“压力肥”这个词呢？**明明不饿却特别想吃东西——这种状态很可能是身体感到压力大，为了适应压力而产生了食欲**。

进食行为会促进肠胃和唾液腺活动，这是由副交感神经引起的。因此，饮食可以被认为是一种让反应过度的交感神经平静下来的适应性反应。

所以，我们可以将饮食作为专门用于缓解自己“黑暗压力”的方法好好利用。由于那种“不饿却吃”的情况是违背自己意愿的进食行为，反而容易引发压力，但如果是自己决定享受美食，那就真的非常有意义。

专心吃饭，启动副交感神经

因此，吃饭的时间是很宝贵的。如果在吃饭的时候还想着工作或不愉快的事，那就浪费了这难得的平静时光。

专心吃饭，不仅是为了摄取营养、储存能量，还具有减轻“黑暗压力”的效果。现在甚至已经出现了与饮食相关的“正念解压法”（Mindfulness）。

“我开动了”“谢谢款待”之类的寒暄语其实也可以作为“惯例”，或者说是一种提醒自己专心用餐的“触发词”。好好吃饭对于应对“黑暗压力”来说，是非常重要的环节。

启动副交感神经③——哭泣

想哭就哭，这也是很重要的方法。

不想让别人看到自己的眼泪的想法虽然很正常，但人的哭泣行为是有意义的。人为什么会流泪？因为作为生物，哭泣是一种非常重要的生理功能，是不容轻视的自然规律。

眼泪的分泌能够激活副交感神经。人们在流泪的时候，大抵都是感到痛苦的心理压力的时候。这时虽然是交感神经过度活跃的状态，但**通过分泌眼泪，却能切换到副交感神经主导的模式**。不仅如此，实际上**眼泪中也含有压力激素皮质醇**。[22]

是的，**我们感到压力大而流泪，其实就是以这种武力方式将皮质醇排出体外，这也是为了减轻压力导致的不快感**。

相信大家都有过哭完以后心情舒畅的感觉。这是因为大声哭泣时，我们会自然而然地做出吐气的动作，进一步促进泪液分泌，活化副交感神经，同时皮质醇也随着泪水被排出体外。

皮质醇随着眼泪排出体外

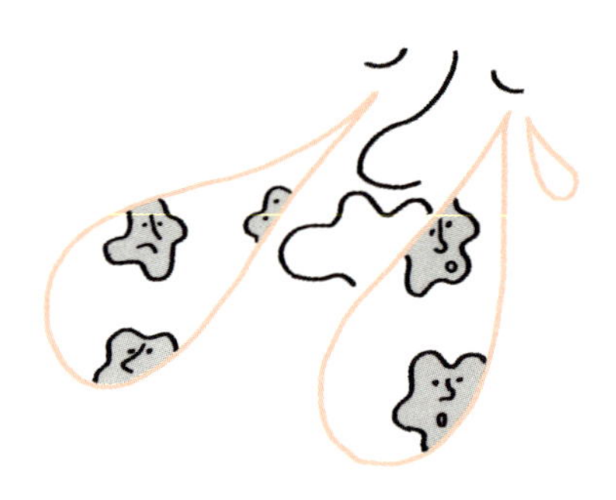

想哭的时候就哭。这也是将体内和脑内的“黑暗压力”释放到体外的一种手段。不要勉强忍耐，正因为身体有这个需要，我们才会流泪。

既然压力激素也会随着眼泪释放出来，那就让泪水把“黑暗压力”带走吧！

真心拥抱——催产素的效果❶

什么样的人能够让你卸下心防，完全信赖？或者说，你打从心底深爱的人是谁？这样的人对我们大脑来说也是非常有益的存在。

每当我们产生压力反应时，我们的身体就会启动恒定性机制，半自动地、无意识地来缓解压力。其中一种反应就是大脑会分泌一种叫作催产素的化学物质。

催产素也被称为“爱情激素”“爱的分子”“拥抱激素”等，这是因为它是在拥抱时从脑垂体释放出来的，是能让我们感受到人与人之间的亲近感或距离感的重要化学物质。

一个有名的例子就是“信任游戏”实验。人们在实验中发现，在对别人产生信赖感时，这种催产素起到了重要的作用。将摄入催产素的被试组和未摄入组进行比较，结果显示**前者信赖他人的程度在统计学意义上具有相当大的优势**。[23]所以，催产素也叫作“信赖激素”。

当压力反应产生时，大脑就会释放催产素，这一生理反应可以说是人类被称为社会性动物的最好证明。换句话说，催产素在社会关系形成中是不可缺少的化学物质。

在感受到“黑暗压力”的时候，如果我们能够很好地利用这个生理反应，就会对缓解“黑暗压力”很有帮助。

你有没有在痛苦时被别人抱着，因而感到心灵治愈的经历呢？有爱的拥抱能促进催产素的释放，抚慰伤痛。有时，不需要询问原因，也不用提供解决办法，只要一个温暖的拥抱，就会比任何语言和解决问题的方法都更加有效。

拥抱不仅对被拥抱的人起作用，给予拥抱的人体内也会释放催产素，所以对于双方都是很有益处的。

父母之所以能够不求回报地照顾孩子，催产素的影响也相当大。

真心拥抱，分泌催产素

最爱的孩子就在眼前，只是看到而已，父母的大脑就会分泌催产素。养育孩子经常会发生无法预测的事情，有时甚至净是不顺利。这些情况自然会使大脑和身体出现压力反应。但即便如此，父母也不会以此为苦，这正是催产素的作用。

养育孩子很辛苦，有时我们也会败给压力。但是越是在这种时候，我们越应该冷静下来。全心全意地拥抱你的孩子吧！这会大大减轻你的压力反应。

重点是，“全心全意”地关注“此刻”，好好地拥抱你爱

的那个人。压力反应过度的时候，大多数情况都是因为过去曾有过的不愉快，或者对未来的不安。换句话说，我们总是被过去和未来囚禁。所以，如果注意到自己有这样的负面情绪，就坦然地接受拥抱吧，内心的“黑暗压力”就一定能得到缓解。

由衷相信——催产素的效果❷

催产素是当你由衷地想要亲近某人或想与对方产生联系的时候从脑中释放出来的,所以即使对方实际上不在眼前，仅依靠想象或观看照片和视频都有同样的效果。士兵上战场时带着自己家人的照片，以便随时能够看到。在感到巨大压力的状况下，这种行为意义非常深远。

关键在于，你到底有多么珍爱这些照片或护身符。越重视它们，它们就越会成为抚慰心灵的重要存在。不仅如此，在频繁想起其存在的过程中，大脑也会记住这些事物是能够给自己带来平静的契机。

对于护身符，有人可能抱有不屑的观念，他们认为护身符只是一种心理安慰，并不科学，也没有效果。但这种观点值得商榷。对于带着某个护身符的人来说，大脑里很可能存储着许多与这个护身符有关的珍贵回忆。

也许这个护身符是心爱之人赠送的礼物。将它带在身边，就像心爱之人在身边一样。那么这个护身符一定能够激发脑中的催产素。虽然看不见摸不着，但在这个护身符的主人的大脑里，**心爱之人却能够以记忆的形式存在**。

肉眼不可见，就是不科学的吗？科学无法掌握的事实还有许多，更何况**就算肉眼不可见，事物也会以细胞、分子和能量的形式在我们的大脑中表现，对大脑的反应性起着莫大的影响**。

关于这一点，历史已经告诉我们了。例如，各种各样的传说在我们脑中创造出各种肉眼看不到的事物。即便看不见，它们也能通过记忆的组合存在于每个人的大脑中。

当然，如果不充分使用大脑专门的功能，这些事物也无法在我们的大脑中被表现出来。对于有虔诚信仰的人来说，其在他们脑中的存在感会更强烈，而不那么虔诚的人则会认为它们只是模糊、没有实际状态的存在。对于无法用大脑想象神佛的人来说，神佛无法对其人生造成任何影响。

但是，对于每天都在脑内创造神佛的信徒来说，神佛的存在感就是非常巨大的，想法、感受、言行举止，或者说整个生活方式都会因此而改变。实际上，历史上的所有宗教都能证明这一点。

所以我们才说“信则有，不信则无”。每个人对宗教的看法都不一样，信仰什么也是个人的自由，没有对错之分。**但是，拥有能够从心底相信的存在，对于当事人来说是很大的救赎**。

虔诚的信仰能够促进催产素的分泌

当然，相信的对象绝不是一定要和宗教有关。只不过宗教在其发展的历史过程中沉淀了深厚的智慧，那些神话传说和典故也许更容易被我们的大脑所接受。

拥有让自己打心底里相信的存在，能够让我们更加冷静、沉着，人生则会因此而更加丰富多彩。

表达感谢——印刻积极记忆

表达感谢是很重要的，我们在社会经验中已经明白了这个道理。在这里，我们将重新从神经科学的观点来探讨感谢的价值。

大家都在什么时候感谢别人呢？大多数情况下，我们都会在自己萌生积极情绪的时候，对引起自己产生这种情绪的人表达感谢。

这对大脑来说是非常重要的学习。如果你注意到自己流露出积极的情绪，那么你就会说出“谢谢”，或者写感谢信，或者向对方鞠躬。在各位的人生中，应该经历过很多次类似的一系列流程。重复这个循环，能够使大脑根据“同时受到刺激的神经细胞会串联在一起”的原则进行学习。

下图更加直观。当我们有积极体验的时候，当时的那个积极的情景记忆就会被记录在海马体上，而积极的情绪记忆则被记录在杏仁核上。

为什么道谢的时候会变得积极乐观?

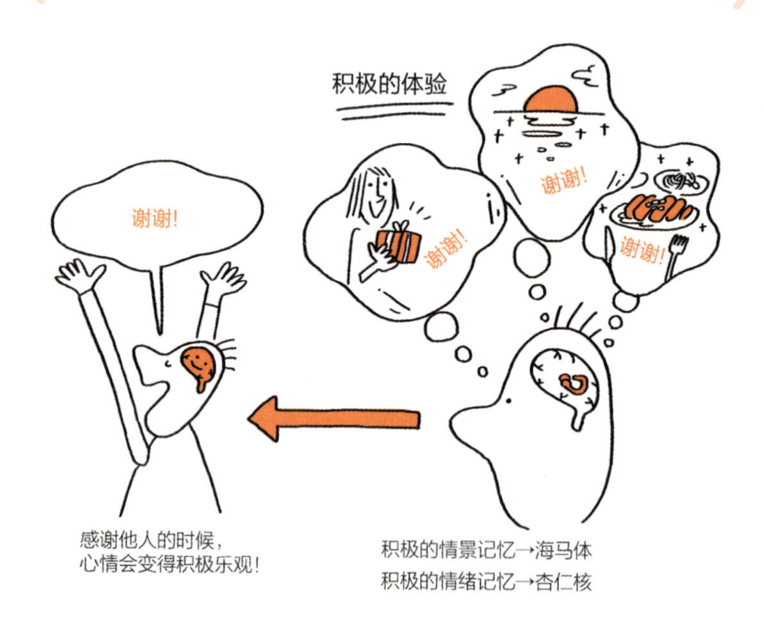

在“积极情绪”出现的时候，通过“同时”表现“感谢”，强化两者间的回路，“感谢”就会与很多积极的情绪记忆联系在一起，或者说与“快乐的杏仁核”联系在一起。

这么做，我们就会像“巴甫洛夫的狗”听到铃声后没有肉也会流口水一样，即便并没有人帮助我们，却依然能够通过产生感谢的念头，引导出自己心中的积极和乐观。

最终能引出多少积极性呢？这取决于平时我们多么用心地感谢。

所谓用心，**就是重视积极的感情，一旦有所察觉就要抓住，细细体会，并且将感谢之情付诸语言和动作，为整件事仔细地贴上“值得感恩”的标签。**

只要用心，积极的记忆就会更容易被记录在大脑中，而大脑也更容易储存积极的信息。

最终我们要提出这个问题：“你想在大脑的记忆保存系统里存放什么样的信息呢？”记忆不是抽象的东西，而是通过细胞和分子的结构变化而形成的物质。只有你自己才能制造自己的记忆。

从字面上来看，“感谢”这个词的意思是对“感觉到”的事情表示“谢”。“谢”这个字又可以分解成“言”和“射”。也就是说，感谢就是在注意到自己的感谢之情的时候，把它变成语言朝着对方诉说。这不仅仅是为了表达对对方的礼貌，或者为了让对方有个好心情。说“谢谢”的人心中也会产生积极的情绪。

关键是要用心。表面形式、不带心意的感谢根本无法体现感谢的价值本质。

一定要经常对那些让你感受到积极性的人表示真诚的感谢，无论是多么琐碎的小事。记住，**表达感激之情不仅能加强与周围人的和谐关系，还能增加你内心的积极性**。

感恩当下

在日语中，“谢谢”这个词写作“有難う”。也就是说，因为有困难，所以才能感谢帮助我们的人。还有一种说法认为，“有”表示存在，所以“有難う”也包含着“存在本身就是很难得的”之意。光是能存在于这个世界，就已经是奇迹了。

从父亲的精子和母亲的卵子这两个细胞的神奇相遇开始，真正神奇的细胞分裂、繁殖和结构化的程序开始了，我们便被塑造了出来。

而且，这个程序不是被单方面规定的，而是具有很高的自由度，通常都预留了适应环境的空间，让我们能够在各种各样的环境下生存，可以觉得纳豆很好吃，也可以爱好音乐。

你可以在你的脑海中自由地穿越宇宙，也可以想象一个梦幻般的仙境；你可以为朋友的祝贺而高兴，也可以对伤害他们的人感到愤怒；你也许会算数，也许会下棋，也许会欣赏绘画，也许会画画；你能够感受阳光，享受人类皮肤的温暖；你能够创造新的生命。

我们每个人都有一个神奇的、不可替代的身体。存在本身就是艰难的，但我们能够做到。光是这一点就很了不起。

我们比别人能干或不如别人的所谓优劣，与我们神奇的身体存在相比是微不足道的。我们经常忘记我们的存在是多么神奇，因为我们认为这是理所当然的。

是的，“谢谢”和“理所当然”是一对含义相反的词。

那些认为“存在”是理所当然的并有这种**认知偏见**的人，很难欣赏他们的自我身份。许多人说，无论他们在经济上变得多么富有，他们都无法感到幸福。**如果你一次又一次地把拥有金钱和能够用金钱得到你想要的东西的状态视为理所当然，那么除非有意识地去扭转这种观念，否则大脑会疏于感激**。

不仅如此，如果这种状态长期持续，那么你的心理就会变得贪婪，同时也会变得更容易因为期待落差而陷入压力反应。如果我们能不断产生正向的期待值落差就好了，但这很难实现。**如果我们只有在永远有新的、巨大的快乐和刺激时才能感受到幸福，就可以说这是一种大脑的退化**。

生活中充满了快乐和乐趣的种子。这取决于你是否能找到它们。**能够把哪怕是最小的事情变成快乐的人，就是拥有高等大脑的人**。

这并不意味着我们不能过奢侈的生活。我们担心的是，大脑有可能不自觉地认为这是理所当然的，这将导致不断的高期望值，从而增加失望的频率。在一个对正常人没有压力的环境中产生压力，这肯定会降低当事人的幸福感。

对我们认为理所当然的幸福或者微不足道的小小幸福给予关注、认识、感受和全心全意的感激，必将丰富我们的生活。请感激你的生活，感激那些一直在你身边的人。相信在你身边有许多积极的“宝石”，而你却将它们视为理所当然。定期进行这样的寻宝活动是个不错的习惯。

将能够为自己带来心灵平静的事物“视觉化”和“记忆化”

在你周围一定有许多积极情绪的种子沉睡着。

其中一些你可能已经司空见惯，另一些可能太小而被你忽视。这就有点可惜了。

我们的注意力是相当有限的，所以通过为自己选择我们看到的世界，我们可以选择输入自己大脑的信息。这对于应对“黑暗压力”和将其转化为增长的“光明压力”是很重要的。

以下是一个能够帮助你做到这点的练习。按照下列3个类别，分别选出20个能够给你带来这些反应的事物，并把它们写在下面的表格中。

- Relax和Refresh类（让你感到放松和心情舒畅的事物）——副交感神经系统，血清素。
- Fun和Hobby类（让你觉得有趣的事物，爱好）——β-内啡肽、多巴胺。
- Love和Care类（让你感到爱和关怀的事物）——催产素。

Relax和Refresh类主要是为了寻找激活副交感神经和血清素的事物，Fun和Hobby类负责β-内啡肽和多巴胺，Love和Care类负责催产素。

以前你可能也做过类似的练习，要求你写下你最喜欢的东西，但你可能最多写出5个而已。但在这个练习中，你应该至少能找到20个。

写下让你感到治愈和喜爱的事物的完整清单，从你喜欢的到你忽略的，或者你想要的，以及看起来很有发展潜力的。

同一事物可以出现在不同类别中，没有必要在分类上过于僵化。请自由地在你觉得最舒服的类别中填写。

在此过程中，你会意识到自己更倾向于产生什么情绪。

让你感到放松和心情舒畅的事物

请仔细回想自己感到“放松和心情舒畅”的瞬间，尽量把相关的物、事、人、动物、地点、时间和姿势等写下来，即便微不足道也无妨。针对每个项目写下“与自己的距离”（A：1～10分）和“接触频率”（I：1～10分）。

序号	Relax 和 Refresh 类	A（1～10）	I（1～10）	序号	Relax 和 Refresh 类	A（1～10）	I（1～10）
1				11			
2				12			
3				13			
4				14			
5				15			
6				16			
7				17			
8				18			
9				19			
10				20			

让你觉得有趣的事物、爱好

请仔细回想自己感到“有趣和想当成兴趣”的瞬间，尽量把相关的物、事、人、动物、地点、时间和姿势等写下来，即便微不足道也无妨。针对每个项目写下“与自己的距离”（A：1～10分）和“接触频率”（I：1～10分）。

序号	Fun和Hobby类	A（1～10）	I（1～10）	序号	Fun和Hobby类	A（1～10）	I（1～10）
1				11			
2				12			
3				13			
4				14			
5				15			
6				16			
7				17			
8				18			
9				19			
10				20			

让你感到爱和关怀的事物

请仔细回想自己感到“深爱对方”或让你感到“被对方爱着”的瞬间。尽量把相关的物、事、人、动物、地点、时间和姿势等写下来，即便微不足道也无妨。针对每个项目写下“与自己的距离”（A：1～10分）和“接触频率”（I：1～10分）。

序号	Love和Care类	A（1～10）	I（1～10）	序号	Love和Care类	A（1～10）	I（1～10）
1				11			
2				12			
3				13			
4				14			
5				15			
6				16			
7				17			
8				18			
9				19			
10				20			

填表的关键是一定要真心实意。因为填表的行为并非目的，真正的目的在于让大脑学会记住这些带给我们积极情绪的事物。

当你受到“黑暗压力”的折磨时，这些你一直重视和想到的事物越是强烈地刻在你的大脑中，你就越有机会接触到它们。这将有助于缓解你的“黑暗压力”。

如果你平时对这些事物漠不关心，就很难在危机情况下利用它们。所以，你平常就要与这些事物建立良好的关系，以备不时之需。

为了让大脑牢记，我们可以从一个俯瞰和相对的角度，给两个指标上的这些事物打分：一个是自己与它们的距离，另一个是自己与它们接触的频率。

再次重申，打分不是为了评判好坏优劣。**大脑的 AI（前脑岛，Anterior Insula 的缩写）和 ACC 有监测自己情绪反应强度的机制，打分可以达到这种监测练习的效果。**[24]

找到能给你带来巨大快乐或让你平静下来的事物，自然是最好的。即便只找到了引发小小反应的事务，也很不错。

重要的是把它作为自己内心的一种相对感觉来评分。其他人的想法是完全不相关的，你必须用自己的感官来感受和标记你自己的反应。

最后，请你再次俯瞰这些对你来说极为重要的事物。你会看到许多共同的特征。例如，大多都是和人有关的，大多都是单独做的事，大多都是和事物有关的，大多都让你有强烈的反应，或者大多都让你反应微小，等等。这也被用作发展自我认知的一部分，即所谓的“元认知”。元认知，正如“Meta”（高次元的）一词所指，是对自我认知方式的进一步认知。

不必分析得太详细，但要从俯瞰的角度看，找出共同点。这将引导你朝着积极事物的方向寻找，让你在更多类似的领域找到重要的存在。

一旦你创建了这个属于你自己的百宝箱般的表格，请与你的同龄人分享它。来自同伴的温馨反馈，会让这些事物在你的大脑中占据越来越重要的地位，减少“黑暗压力”的存在感。这也可以是与同伴增进互相了解的契机，请大家一定要试试。

给你的时间添加一些色彩，激发积极情绪

一旦你开始注意那些在你身上引起积极感受的事物，认识并记忆它们，下一步就要看**你能在多大程度上把这些重要的事物与你的意识关联，使你看到的世界更加丰富多彩。这就需要你进行设计**。

有许多方法可以做到这一点，这里我们将使用日历和日记。许多人在自己的手账本、电脑或智能手机上使用日历，

可以好好利用。

日历可能经常被工作、任务和其他约会填满，但这取决于你想如何度过自己的一天。

请参考前面刚填写完的“让你感到治愈和喜爱的事物”的相关表格，让你的日历充满精彩，而不仅仅是工作和学习。

如果你喜欢喝咖啡，你可以把那个享受咖啡的时间列入你的日历，而不是漫不经心地喝完咖啡就完事了。你也可以加入一个自己和孩子们一起玩耍或阅读你最喜欢的书的时间。关键在于你如何将你所生活的时间线与你所喜爱的事物穿插在一起，以及如何丰富你的生活。

这不仅增加了幸福的时间，同时也增加了我们注意到幸福的机会。将这种享受视觉化，能够减少“黑暗压力”，或者说，这种享受所合成的多巴胺可以提高你工作或学习的表现。

当然，每个人都会以不同的方式使用日历来设计自己的“时间”，所以没有什么规定说你必须这样做或那样做。我们只是希望你能采纳这样的观点：你可以丰富和主导自己的生活，为你自己的时间添上色彩，而不是只做别人安排的事情。

你也可以稍微花点功夫，用一种有趣的方式来设计这个时间表。有趣的日程表命名可以使它成为一个令人愉快的日历。例如，你可以简单地把它安排为咖啡时间，但你也可以把它称为“仙豆咖啡时间”。“仙豆”是能给你带来力量的豆子，出自动画片《七龙珠》。设计一个有趣而独特的时间，让你的生活更加丰富多彩。

生命是有限的，注意力也是有限的。你希望自己的大脑处理什么信息取决于你如何控制自己的时间。希望每一个人都珍惜自己的时间。希望每一个人的时间里都充满幸福的种子，每一个人的生命都充实精彩。

第 3 章

让“光明压力”成为伙伴

——有效利用压力带来的能量，加速成长

将“光明压力”转化为成长的能量
——实现大脑进化

压力可以是黑暗的，也可以是光明的

在本书中，我们**把那些能提高我们表现、促进成长并使我们感到快乐的压力称为“光明压力”**。

与压力反应有关的身体内部环境的各种变化都有其自身的意义和作用。例如，在第1章和第2章中介绍的压力激素皮质醇。当分泌过量时，它会导致前额叶皮质的功能关闭。但本质上它在支持脂类、糖类和其他物质的代谢方面发挥着重要作用，从而帮助身体和大脑进入更容易使用能量的状态。

此外还有一些压力激素，如**儿茶酚胺**，能够加速心脏跳动，增加流向骨骼肌的血液，并可能与交感神经系统共同发挥作用以提高人体各方面的能力。**脱氢表雄酮**（DHEA）能够对一种名为神经生长因子（NGF）的蛋白质发挥作用，防止神经细胞死亡，帮助合成新神经细胞（这种现象被称为“神经新生”），并且支持我们的学习行为。[25]

没有多少人能够完全驾驭和利用这些“光明压力”带来的能量。这是因为，在**出现“光明压力”的地方，也可能会出现“黑暗压力”。这使人更有可能由于消极偏见而将大部分注意力集中在“黑暗压力”上**。

但对一些人来说，即便置身于“黑暗压力”的环境中，却依然能够看到其中的光亮，并视之为“光明压力”。

无论是“光明压力”还是“黑暗压力”，由压力反应激活的大脑区域和合成的化学物质几乎相同。决定其光明或黑暗的关键在于反应的强度是否适中，如何认知反应的状态，以及大脑如何保留对这一现象的记忆。

VUCA 时代——变化速度远胜以往的当代

随着科学和技术的发展，世界变得更加便利，但也确实产生了以前不存在的黑暗面。另外，SNS（社交网络服务）让我们能够轻易与远方的人交流，这当然是件好事，但也有人趁机滥用这种距离，损害他人利益，造成过去不存在的压力反应。

现代社会之所以容易滋生黑暗面，是因为环境和情况的变化如此之快，以至于极难预测未来，这种不确定性正是黑暗的温床。未来总是难以预测，但今天，**我们环境中的变化速度比以往任何时候都快，这使预测更加困难**。

变化速度的压倒性增长无疑是源于科学和技术的发展。以前认为不可能做到的事情现在都能实现。

克罗马努人被认为是解剖学意义上的现代人，据说诞生在大约一万至四万年前。但现代人类在过去 100 多年的时间里才能够飞上天空，而那之后几十年，他们就开始向太空进军，这是多么惊人的变化速度。

让我们来谈谈身边的事吧。比如通信方式，从奈良时代到镰仓时代，日本人与远方的人交流的主要形式是书信。让我们考虑一下现在的情况：大约 30 年前，有一种通信方式是在火车站类似黑板的装置上留言，这种装置被称为留言板。过去的人还经常使用公用电话。有些人可能对收集电话卡感到怀念，但那只是大约 30 年前的事。

很快，PHS（个人手持电话系统）登场了。又过了几年，人手一部手机的时代到来。最近 10 年则是智能手机成为主流。如果以 10 年为单位来看，我们的通信方式几乎是瞬间就发生了变化。

这还不是全部。例如，近几十年来，全身瘫痪的患者的交流方式有了很大进步。当全身的运动神经瘫痪时，口腔的肌肉就不能正常运动，患者就不可能说话。然而，许多患者有健康的感觉神经，可以用来接收声音，还有一个能理解声音的大脑，来思考。他们只是不能做出反应，但他们能够接收外部信息并进行思考。

今天，这些人也可以与别人交流。方法是让计算机学习患者大脑在想象每个字母时产生的脑电波，这样患者的“话语”就能以文字的形式呈现在电脑屏幕上。

先不论优缺点，奈良时代和镰仓时代人与人交流方式的变化与今天几十年的变化相比，显然不可同日而语。

相信在未来 10 年、20 年里还会有新的沟通方式出现。

虽然不知道会是什么，但一定会有我们现在无法想象的新的通信工具诞生。可见，即便只是不久的将来，也充满了不确定性。

VUCA 时代需要什么样的适应能力？

VUCA 是现在全球商业界经常使用的一个术语，它象征着这个变化的时代。越来越多的人把现在的时代称为 VUCA 时代。这个词是以下英文单词的缩写，每个字母都代表着现代的特征。

V: Volatility，变动性

U: Uncertainty，不确定性

C: Complexity，复杂性

A: Ambiguity，模糊性

这个快速变化和日益复杂的世界充满了模糊和不确定的信息。人类的大脑很容易对不确定因素过度敏感，然后将自己暴露在更多的黑暗中。

我们现在所处的状态就是，本应丰富我们生活的技术革新，反而在我们面前制造了一片黑暗。技术革新当然不是坏事。相反，正如前面提到的全身瘫痪的患者的情况一样，有大量改善生活的技术创新使人们能够与自己重要的人沟通。

在这瞬息万变的时代，我们似乎有两条路可走。

一是面对技术革新所产生的一个又一个新的黑暗，对它们卑躬屈膝，既不了解它们，也不探索如何有效利用它们，只是一味地批评，任由“黑暗压力”积累。二是接受新的黑暗，去照亮它们，让它们成为自己成长的一部分，用自己的双手改变自己看到的风景和世界。

变化时代的两条道路

当然，每个人都有自己的价值观和思维方式，第二条路绝不是唯一的正确答案。但我们相信第二条道路是人们在未来世界需要的适应能力。

“能够生存下来的人，不一定是最强的，也不一定是最聪明的，但一定是懂得改变的。” 这是以进化论闻名的查尔斯·达尔文说的。

在新的变化时代，即 VUCA 时代，只有适应才能进化。

现在是享受这样一个过渡时期的好时机。好好思考达尔文的话，探索如何将压力转化为动力，如何获得“光明压力”吧。

做自己世界舞台的制作人

人脑有一个有趣的特质，即能够有意识地、有目的地选择它所接收的信息。我们不是简单地以反射性的方式与世界接触。我们脑中的世界未必是它真实的样子。我们只感知大脑对世界的感知。而我们**也可以选择如何感知这个世界。**

如果你只注意世界和人类丑陋的一面，那么在你的大脑中出现的世界一定是丑陋的，让人难以生存。而如果你只用大脑的信息处理系统来处理那些愤世嫉俗的信息，你自然会更倾向于成为一个爱批判的人。

相反，如果你能够包容那些丑陋的部分，并且把注意力放在世界和人类迷人且有趣的地方，让大脑去处理这些美好的信息，那么对于大脑而言，世界就会变成百宝箱。

关注什么信息，要让大脑和身体对这些信息产生什么反应，其实都取决于我们每个人的情况，以及对这些信息的认知。

你想如何表现投射在你大脑中的世界舞台？不可否认的是，这个舞台场景的制作人是你。你的关注方向决定了进入你大脑的信息，而这些信息决定着你的世界是什么模样。

世界到底是什么样的？这个问题从来没有标准答案。即使某个著名的老师说世界是这样的，那也只是他/她的大脑中所反映的世界。当然，你可以把这些作为你在自己大脑中表达的世界观的素材，但你要按照自己的想法创造自己的世界。

就算是误解也可能是美妙的。在这个时代，与那些要求世界一直正确并在期待值落差中积累“黑暗压力”的人相比，那些虽然误解了世界却乐于与之相处的人可能在生物学意义上更能够顺应世界，更为高等。

你可以在这个世界上寻找你想输入自己脑中的材料。你的大脑能够处理的信息，或者说你能够关注的信息是有限的。大脑无法处理所有信息，所以你必须依据你想传递给大脑的信息做出自己的选择。

制造属于自己的环境

这就是为什么环境如此重要。每天你所处的环境、与你互动的人的相关信息自然是最有可能被传递到你脑中的信息。如果每天的信息都造成“黑暗压力”，除非你有很强的心理承受能力，否则将很难维持自我。正所谓“近朱者赤，近墨者黑”。

相反，一个允许你成为你想成为的人并接受你的样子的环境，将使你能够更专注于你想要的东西。

如果你周围的环境中有太多的“黑暗压力”，你的注意力就会被转移，你将无法有效地学习或工作，你的成长也将受到阻碍。

当然，一个完全合乎心意的环境是不存在的。然而，凭借自己的意志和选择，你可以创造属于自己的环境。有时，有意识地改变你的关注对象是很有效的，但如果这不起作用，就要采取行动，改变你所参与的环境。

有人把这种行为称为“逃避”。但逃避是可行的。长期暴露在你不想要的压力下，不仅会使你的表现变差，也会使你的学习停滞不前，更使你的大脑容易被“黑暗压力”控制。

此外，在主动采取的行动过程中得到的压力，是“光明压力”。即使你心甘情愿地从事某项工作，在新的挑战和学习中也会有压力。然而，处于你所期待状态的大脑会释放化学物质和造成其他的影响，让这种压力为你的成长带来好处。

日常所处的环境和所交往的人，对大脑的影响如此之大。因此我们应该学会全面俯瞰自己所处的环境，并且要有意识地去调整它。

理想的情况是，你能在任何环境下都坚持自我，不受影响。

然而，能够做到这种程度的人，要么拥有极为坚定的内心，要么很幸运曾经身处于支持他坚持自我的环境中，并且这个经历还在他的大脑中留下了深刻的记忆痕迹。

通过我们自己的意愿和选择来改变环境对成长非常重

要。这是因为我们的时间和注意力非常有限。只有改变环境，我们才能不把时间浪费在接受不必要的压力上。

如何编辑自己的世界

环境和身边发生的现象都是构成我们世界的素材，关键是我们如何编辑它们。在相同的环境中，有些人被“黑暗压力”所折磨，有些人则能够感到快乐，这可以归因于他们在关注对象上和在编辑能力上的差异。

编辑能力会赋予你的关注对象缤纷的色调：可以是阴沉的，可以是平静的，也可以是灿烂的。

改变关注方向，拥有全新的脑内世界

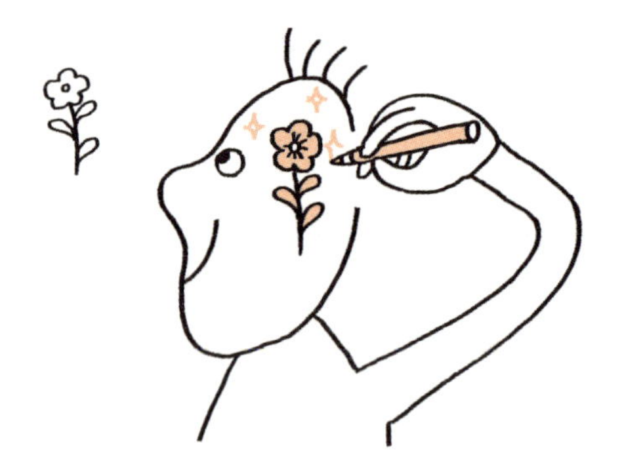

这种编辑行为，如果是主动的，那么信息在大脑里形成的记忆就更加强烈。

这时，神经科学的“用进退废”原则就会发挥作用。你会选择什么样的信息呢？这些信息会在大脑里产生什么样的反应和认知？造成什么样的物理变化？又会形成什么样的记忆痕迹？

我们的意识和注意力的指向，以及随之产生的反应，都会让神经细胞的结构在极微小的世界里产生物理变化，就好比我们在对我们的头盖骨内的世界塑形、涂装一样。

但必须注意的是，这种编辑行为，如果不是自己有意识主导的，就可能会受到消极偏见的影响，有时还会受到环境或他人的影响，从而形成截然不同的记忆痕迹。

我们经常被告知要有自己的思想。所谓“自己的思想”，其实就是自我选择自己想在大脑中留下的信息。如此，被选择的信息便在我们的大脑中留下了痕迹，然后成为我们的一部分。

模糊和不确定的事物往往被编辑为“黑暗压力”，你的注意力集中在它们的消极方面，而它们在你的大脑中留下记忆痕迹，并成为你的一部分。因此当你再次遇到类似事物时，想要逃避的心态也就越发强烈。

此外，也有人会在遇到不确定性极高的事物时把注意力放在其中的乐趣和可能性上，并以好奇心和期待的态度编辑这些信息。这样的人愿意接触不确定性高的事物，也愿意尝试未知或新生事物。

如何看待这个世界，完全取决于身为制作人的你。你要有为自己创造理想世界的决心，如此你才能获得“光明压力”。

• 大脑是如何成长的
——大脑成长的原理

记忆痕迹的本质是什么？
——你的个性是如何形成的？

下页的图是大脑神经细胞的模型图。本书不是教科书，所以各位不需要记住太多详细的专业名称，只要明白：记忆不是一个抽象的概念，而是神经细胞的物理结构变化。

大脑和肌肉一样，使用越多就越发达。“光明压力”促进大脑成长，而大脑成长的主要环节就是构成大脑的神经细胞发生结构变化，形成记忆。

许多人把记忆与学习联系起来，但我们的记忆不仅仅是像学习那样的记忆（意义记忆），也包括与经历和体验相关的记忆（情景记忆）及随之产生的情绪记忆，还有与技能相关的程序性记忆等。[26]

下页图中神经细胞的一个细长部分被称为**轴突**，电信号在这个结构的内部流动。

髓鞘则是包裹轴突的膜。据观察，当我们多次使用某一组神经细胞时，它们的髓鞘会增厚。[27]

而髓鞘是绝缘体，也就是一种不容易导电的材料。因此，髓鞘越厚，电流从轴突泄漏的概率越低，信号传导的精准度就越高。**即使信息的输入量很小，也能很好地被传达到大脑，这意味着大脑在信息处理上耗费的能量较少。**这个例子能够说明当我们学习某种东西并将其转化为记忆痕迹时，大脑中的神经细胞会发生怎样的物理变化。

大脑神经细胞的模型图

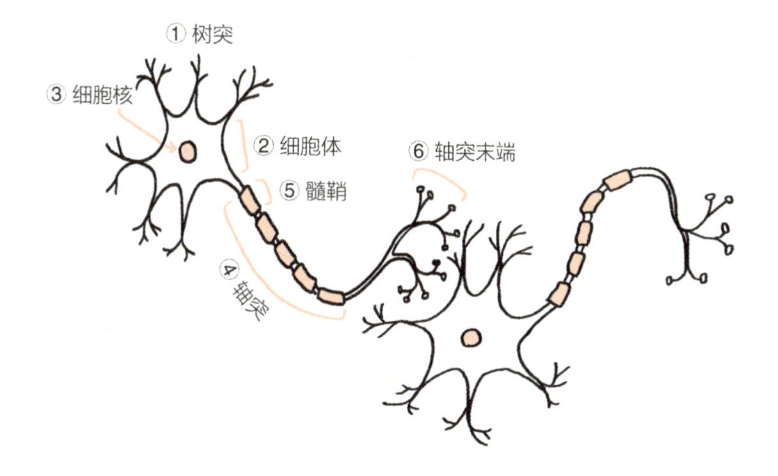

神经细胞本身也会像髓鞘一样发生改变。连接神经细胞的**突触**也会因为多次使用而改变。

例如，突触这个结构是神经细胞之间的纽带，所以作为信息传输路径包含了前侧和后侧两个部位。大多数突触传递信息的方式都是由前侧神经细胞向后侧神经细胞释放某种化学物质。这种化学物质有个专业名称：神经递质。

如果我们允许某些信息被某个突触多次处理，那么该突触的信息传递效率就会提高。具体会出现什么样的变化呢？

可能是神经递质的传递效率提高，也可能是接受神经递质的神经细胞中被称为受体的特定结构增殖。[28]

虽然本书没有深入探讨记忆的运作细节，但毫不夸张地说，神经科学就是一门探索这种记忆运作机制的学科。如果你想进一步了解记忆是如何工作的，我推荐埃里克·坎德尔（Eric Kandel）的《透视记忆》（*Memory：From Mind to Molecules*）。坎德尔可以说是神经科学领域非常有名的人，他的红色领结非常有个人特色。虽然是为普通读者写的，但这是一本可读性很强的科学书，能够带你深入了解大脑的奥秘。

来自外部世界的信息在体内转化为信号，并通过延伸至全身的感觉神经和其他器官传递给大脑。信号的强度、发送信号的频率和在大脑中检索信号的频率导致细胞和分子的结构变化，形成记忆痕迹，塑造你体内的微观世界。

换句话说，你自己就是将外部信息转化为内在信息的负责人。你所关注的信息有可能转化为你的一部分，而你对这些信息的感觉、思考、行动和反应，以及对信息的修改和编辑，逐渐地改变了你体内微观世界的物理结构，并塑造了你的个性。

“大脑的投资体系”——制造能够进行长期记忆的神经细胞

某些神经回路或神经细胞通过被反复使用而获得成长，改变了细胞的分子结构，就像持续的肌肉训练使肌肉变大一样。从生物学角度来看这一点也不奇怪，甚至可以说是理所当然的。

无论是肌肉还是神经，如果平时不常用，那么将营养物质和能量提供给它们就是一种浪费。

就质量而言，人脑约占身体总重量的2%（以体重60公斤计），但尽管如此，大脑消耗的葡萄糖（也是大脑运作的能量来源之一）却占人体总消耗量的25%。

大脑是使用能量最多的器官。因此，神经细胞不会把宝贵的能量投资在使用不多的回路上，换句话说就是不会进行记忆或学习。

对于生物体来说，能量是维持生命的必要条件，绝不能被浪费。今天，食物短缺和其他危机不如史前时代那么常见，而环境已经发生了巨大的变化。然而，约35万年前尼安德特人或一万至四万年前的克罗马努人的大脑与现代人的大脑并无太大区别。因此，从那个时代直到今天，人脑中“不要浪费能量”的程序仍然存在。

但反过来说，对于经常使用的神经回路来说，绝对不能因为髓鞘过于薄弱而导致大量电信号外泄。释放的神经递质未被接受的情况，不应该频繁发生。

因此，这些常用神经回路中的神经细胞的DNA会发出必要的指令（如蛋白质合成），使神经细胞进化。以这种方式产生的神经细胞被称为**长期记忆神经细胞。**尽管如此，神经细胞的强化并不是从0到1的单线增长，而是一个渐进的变化，而且有程度之分。下图是这个模式的简单示意图。

神经细胞结构变化所造成的反应程度差异

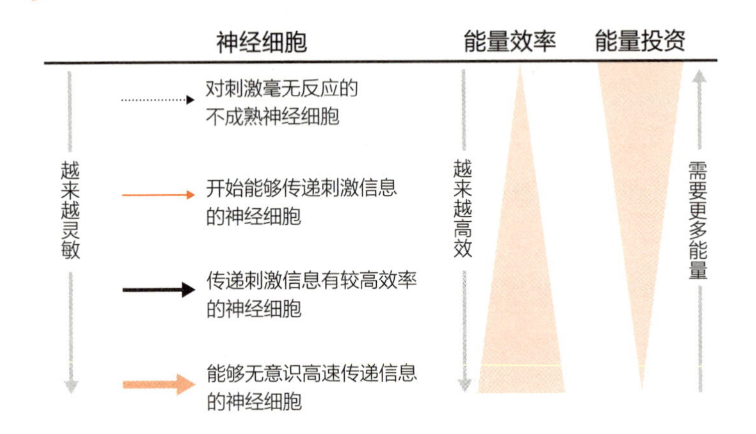

随着神经细胞结构的改变，其对输入信息的反应方式也会改变。如果受体和髓鞘不成熟，它们甚至不能在收到信号后将信息传递给下一个神经细胞，如上图中的虚线箭头所示。

越是上层的神经细胞，越是需要大量的能量来支持该神经细胞。换句话说，强化神经细胞所需的能量（形成性能量）其实是不够的。在这种情况下，信息的传递效率就会降低，所以如果要使用这些神经回路，我们就必须非常专注，投入密集的信息（能量或分子）。也就是说，利用这些神经元的能量成本非常高。

然而，这种状态可能因反复刺激和诱发神经细胞的结构变化而被逆转。从形成能量的总成本来看，制造一个强大的神经细胞的能量成本很高。但只要建立了强大的神经回路，有厚实的髓鞘和密集的突触受体，传递信息所需要的能量成本就能够被维持在一个经济的状态。

髓鞘更厚，不容易泄露电信号，只用少量的刺激来处理信息；同样，受体的密集程度意味着可以在不释放大量神经递质的情况下处理信息。

创建一个强大的神经回路所投入的能量是非常昂贵的，因为必须发生物质变化，但一旦创建了，便可以节省大量的能源。从长期来看，回报肯定是巨大的。

相信大家都有过这样的经历。起初，你在做一件事时很费劲，但久而久之就会变成不用思考也能轻松完成。这意味着神经回路已经建设完成了。也就是说，大脑针对这件事的处理已经处于熟练的状态。

仅仅拥有暂时的心态不足以改变人们，原因是暂时的利用只激活了当下的神经细胞，并没有导致物理意义上的结构变化。这与世间以习惯和毅力为美德的价值观是一致的。

长期记忆的特征和“三分钟热度”的机制

如前所述，使用已经建立并储存在长期记忆中的神经回路，只需要较少的能量。而如果要使用不熟悉的神经回路，那就需要对大脑进行大量的能量投资。

由于这个原因，我们的**大脑就会自然而然地、无意识地**

选择我们基本上已经习惯并经常使用的神经回路。因为这么做更加节省能量。用通俗的话说，这么做更容易。这是生物适应环境的一个非常重要的机制。对人类来说，这也不是什么坏事。

但另一方面，这种反应也是对我们使用大脑的方式的一种偏见。我们不自觉地就会选择节能的或精通的信息处理方式，但这并不利于学习新事物。

有关处理新的信息、对新事物的认识和新的思维方式的神经回路基本上是不成熟的。无论我们多么重视某个暂时出现的新想法，其内容和信息处理方式都不会被储存在长期记忆中，所以很快就会被遗忘。于是，我们又会不自觉地选择储存在长期记忆中的、省力的传统思维方式，从而导致新的思维方式无法长久留存。

下图是对“三分钟热度”原理的一个比喻。

参加一个研讨会或阅读一本励志书籍可能会给你带来一种新的思维方式，也会引发你兴奋、激动的反应。

假设你已经了解到豆浆拿铁比咖啡拿铁更健康。然而，这个想法还没有在你的大脑中定型。

每个人都有自己习惯的思维和行为模式，如果不刻意控制，就会发现自己一直在用旧有的方式思考。这是因为形成这些旧有思维模式的神经回路是强大的，并且非常节省能量，大脑会感觉比较轻松。相反，不熟悉的思维方式会消耗大量的能量，所以大脑会感到疲劳。换句话说，即使你决定从健康的角度出发改喝豆浆拿铁，但因为过去每天你都在喝咖啡拿铁，所以不知不觉间你又会选择回到大脑所熟悉的、节省能量的咖啡拿铁，甚至会开始觉得关于豆浆拿铁有益于健康的认识有些令人讨厌。

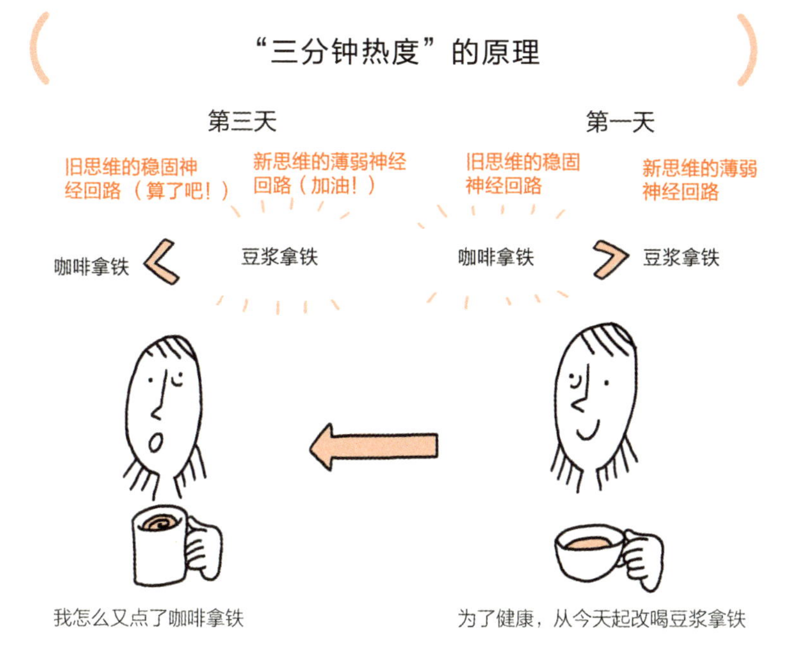

当你要求大脑思考一件不习惯的事时，很有可能你会开始觉得昏昏沉沉。于是你会转向用惯有方式来使用大脑中的想法，因为这更容易。大多数情况下，你无法坚持，最终就会进入“三分钟热度”的状态。

然而，**“三分钟热度”的反应本身是大脑为有效适应世**

界而创建的程序。既然我们已经对大脑适应性进化的过程有了一个总体的了解，那么接下来我将介绍一种能够成功克服“三分钟热度”的思维方式。

大脑能量和大脑生存策略

下图在横轴上显示年龄，在纵轴上显示突触数量。研究表明，负责视觉和听觉的大脑区域的突触数量在人出生后三个月时达到顶峰。

随着人的成长，突触逐渐被淘汰

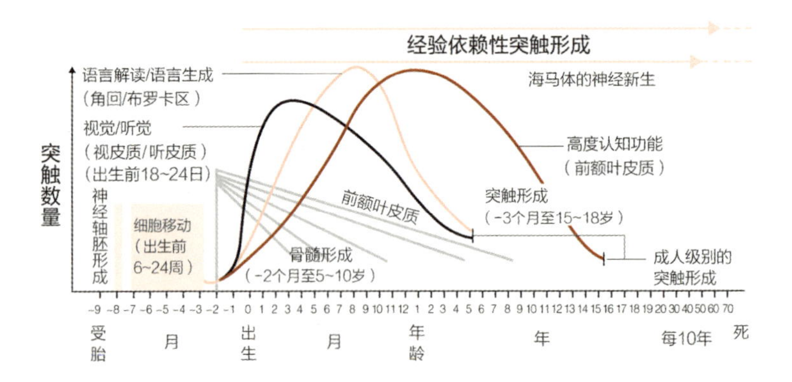

出处：LEISMAN, et al. The neurological development of the child with the educational enrichment in mind [J/OL].Psicologia educativa,2015.http://dx.doi.org/10.1016/j.pse.2015.08.006.

掌管语言的大脑区域在出生后 9 个月左右达到巅峰，而负责各种更高层次的信息处理的前额叶皮质（PFC）在 2 ~ 3 岁达到巅峰。

大家可能会对这个事实感到惊讶，但我却感叹于生物体内如此精妙的编程方式。出生后不久，婴儿的大脑中就形成了越来越多的突触。而从所创造的大量突触中，大脑能够根据自己的实际经验选择它要使用的脑回路。这是大脑的一个自然选择过程，它只保留那些必要的突触。

大脑的程序设计思路是这样的：删除用不到的回路和突触。出生后不久数量就达到最大值的突触能够根据环境的不同，只保留它们需要的回路。事实上，不使用的神经细胞则被淘汰，这个机制被称为突触修剪。

也就是说，从出生到 10 岁左右，大脑都牢牢遵循“用进废退”的原则而运转。这是生物为了不浪费能量而设计出的优秀程序。

修剪机制本身并不是一件坏事。神经回路维持运作需要消耗能量，修剪掉这些消耗额外能量的未使用的神经回路是适应环境的结果。

这种具有环境适应性的大脑发展系统令人惊讶。大脑的程序自古以来就没有什么变化，也没有料到环境的变化会像今天这样快速。换句话说，大脑的程序可能设定从出生后不久到 10 岁左右的环境将基本保持不变，直到死亡。然而，现代环境以令人眼花缭乱的速度变化。如前所述，我们正处于一个 VUCA 时代。

从这个角度来看，修剪是一个有点过时且非常可惜的反应。在今天这个所谓的变革时代，人们希望大脑能够“多保留几个突触”，但我们**不可能轻易改变 DNA 的运作程序。这就是为什么我们必须让大脑朝着与这种生物程序相反的方向进化**。

这需要大量的大脑能量，但并不意味无法实现，依据就在于“用进废退”原则。事实上，**神经科学领域已经证实，新的突触可以在成年后形成，它们被称为“经验依赖性突触形成”**。

先天性突触的形成在出生后不久就结束了，但通过利用大脑的信息处理机制，新的突触可以后天形成。善用“光明压力”的大脑就能做到这一点。

“三岁看老”的原理

不过“三岁看老”这句话也在一定程度上触及了问题的核心。因为人类在小时候有更多的突触，要保留哪些神经回路，在那时候就已经大致被决定了。那时保留的回路更有可能在人的一生中被继续使用。成年人听到这个事实时可能会感到绝望，“看来我的感觉、思维或行为方式都无法改变了”。

从大脑的角度来看，童年的人格倾向和性格往往会延续到成年，这是事实。然而，并不是说成年后就不会改变。只是作为一个成年人更难改变。

为了解释原因，我们需要知道成人和儿童的学习方式有何不同。请看下图，它简明扼要地展示了成人和儿童学习方式的差异。

成人与儿童在学习方式上的差异

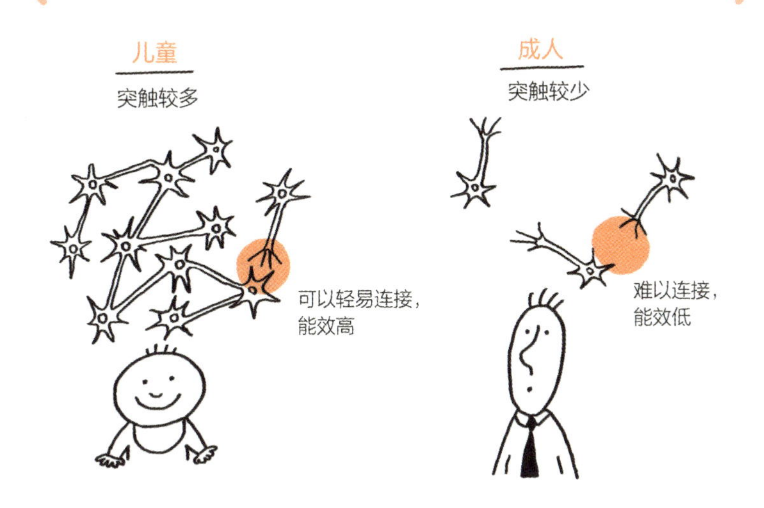

儿童的大脑中本就存在大量突触，因此在学习时只需要较少能量以加强已经存在的突触和神经细胞。

相较之下，**成人在试图学习新事物时，首先要消耗大量的能量来形成新的突触，此外还需要继续消耗能量来进一步加强突触和神经细胞，因此学习的效率比儿童差得多。**

庞大的能量消耗使成人在试图学习新东西时会有一种模

糊的、头脑发热的感觉。

其实，这种感觉就是大脑的能量管理器在提醒你：“你需要的神经回路在出生后不久就已经决定好了，你怎么还把能量浪费在不必要的回路上？”

问题在于，这个能量管理器还以为现在的环境和远古时代的环境没有什么区别呢。

但不管能量管理器怎么抱怨，如果要在这个日新月异的时代继续学习和成长，你将不可避免地需要把能量投资在建立新回路上。

以不变应万变

人工智能和人之间的主要区别之一就是是否容易受到干扰。人在很大程度上受到内部和外部干扰的影响。比如，只要有点饿或困就会影响人的表现；房间很冷或很热，或者附近有人让你特别在意或害怕，也会影响你做事的效率。人工智能当然不会因为一点温度的变化或使用者的性格差异而改变其工作表现。

人脑处理信息的方式在很大程度上受到身体内部和外部条件的影响。这是人类有趣的地方，也是人类的特色，更是人类的优势。当然，尽可能不受内外干扰，提高自己的行为效率也很重要。这就是为什么我们要坚定不移，以便在任何情况下都能发挥出最佳水平。

所谓的“坚定不移”并不是指永远停在某处，而是指**内心保持在一个最佳的稳定状态，或者用生物学术语来说，处于一个平衡状态。**如果思想被环境和情况所左右，就不可能维持高水平的表现。

如果你正在为自己想要的东西而努力，那么无论你处于什么情况下，都会有更好的机会表现出最佳状态。但最理想的情况依然是，环境或状况能够发挥出正面的作用。

要做到这一点，学习如何让自己的大脑进入稳定状态是很有用的。例如，第 1 章中介绍的前职业棒球选手铃木一郎和前日本橄榄球国家队运动员五郎丸步，他们的“惯例”很有参考价值。

无论外部环境如何，只要你能维持相同的状态，就自然也能维持相同的表现。

但这实践起来并不容易。因为，不管你是否意识到，你的大脑正忙于接受来自外部世界的各种信息的轰炸，其中包括你可能感兴趣的信息，而你的注意力可能会因此转移。

防止我们注意力转移的最好方法就是拥有稳固的记忆。**首先你得有一个自己的方法，能够维持一定的大脑状态，并且以正确的方式重复使用你的大脑，让相同的神经回路持续运作，这样你就不会被外部刺激所干扰。**

用自己的大脑形成稳固的信息传递路径是较为轻松的。而把这个过程保持在能够让我们自由选择的状态，正代表着自我中心的形成，也代表坚定的心态。讽刺的是，为了拥有一个稳定的、处于最佳平衡状态的大脑，我们需要反复做相同的事情，不能改变。也就是说为了变化而不能变化。

然而，如果这些重复的行为只是单纯的重复劳动，大脑的成长就会变得非常有限，甚至会向错误的方向发展。用心做的重复行为，即我们在重复的过程中对如何使用大脑有着清晰的认识，才能使大脑获得显著的成长。

真心实意地不断重复，才能让大脑成长

为了改变，我们必须保持不变，全心全意地持之以恒。

机械性地重复作业会使大脑当下的平衡状态越来越牢固，并且产生排他效应，容易导致大脑产生“黑暗压力”。相反，全心全意地重复作业会将平衡状态提升到一个更高的水平，引发“光明压力”，从而促进大脑成长。

多巴胺、β–内啡肽和 DHEA 等大脑和身体中的化学物质都参与了这种心理调剂的过程。让我们在下一节中窥探一下它们的作用。

• 把“黑暗压力”转化为“光明压力”的分子们

“黑暗压力”和“光明压力”之间的分界线是什么？

“黑暗压力”和“光明压力”本质上是相同的压力反应。而大脑中各种微小差异的积累，会让压力变成“黑暗压力”或“光明压力”。以下内容将从三个角度来研究两者间的分界线在哪里。

1. 心理状态
2. 思维状态
3. 记忆状态

心理状态是一个复杂的概念，但在这里指的是**当我们对压力做出反应时，大脑和身体分泌的神经递质和激素等化学物质的情况。当压力反应发生时，在体内循环的不同化学物质自然会对压力反应的效果及其带给人的感受产生不同的影响。**

下文介绍的主要就是这些神经递质和化学物质。

另外，我们如何使用大脑和思维方式也会影响我们的压力反应，比如我们如何认识、接纳和解释压力反应。

如何感受、如何思考、如何记忆、如何编辑——正是这些环节塑造了你的记忆，并使之成为你的一部分。

因此，本书将介绍一种可以把“黑暗压力”变成“光明压力”的思维方式。如果不是刻意干涉，压力很有可能直接变成“黑暗压力”。我们要研究如何培养大脑的思考和记忆模式，如此才能使这些压力转化成“光明压力”。

影响内心的化学物质

首先介绍的是区分“黑暗压力”和“光明压力”的关键化学物质。

当你学习或工作时，你会有什么感觉、什么心态？有时你状态很好，积极向上；有时你却不情不愿。什么时候你觉得自己的表现得到了提升？

有人认为，“感情和态度不会影响一个人的表现”。这种说法是不科学的。

你感到兴奋是因为你大脑中使你兴奋的分子在起作用，而你感到强烈的焦虑和不耐烦也是因为大脑和身体产生了相关的反应。

我们的种种感觉和心情的背后肯定有某种反应在我们体内发生，只是表面上看不出来罢了。

换句话说，不同的心情代表着身体内部的状态正在发生变化。体内状态不同，外在表现状态也会不同，这是理所当然的。这就是为什么心情和心态如此重要。

在各种历史和传统中，大部分都在教导人们信念和精神的重要性。虽然这些训导没有什么科学背景，但无论从科学上还是从历史角度来看，精神和思想对人类来说是多么重要。

以“看不见”为借口，认定身体和大脑中的现象是非科学的时代已经结束。当然，科学尚未揭示关于心灵和精神的一切，但有许多其实我们已经开始有所了解。下面就“光明压力”的特点略作探讨。

集中去甲肾上腺素的力量

直接对我们的心态或动机产生重大影响的化学物质是去甲肾上腺素和多巴胺。这些分泌物之间是否平衡则是区分“黑暗压力”和“光明压力”的一个重要因素。

多巴胺在你极力想要主动做某事时更容易产生；而去甲肾上腺素会在你有强烈的被强迫做某事的感觉时，或者在有压力的情况下，更有可能产生。

多巴胺和去甲肾上腺素都有重要的作用，但事实证明，这两种物质过多或过少都会弱化我们的行为和认知，而它们适量的情况下则可能会提高我们的表现。[29]

当负责“战或逃”反应的交感神经系统被触发时，去甲肾上腺素这种神经递质更容易被释放以提高身体的功能。

它使人处于兴奋状态，从而提高人的生产力和活动性。在学习或工作时，为了提高专注力，进入战斗模式自然是很有必要的。

但去甲肾上腺素的特点之一是，它很容易诱发压力激素皮质醇，这可不是什么愉快的感觉。另一个特点是，它使我们对一切都过度敏感，或者说对一切事物都变得警觉和关注。即便你正在工作或学习，也会对无关事物过度敏感。

你有过这样的经历吗？当你在工作或学习时，对周围的声音、视觉信息和气味感到特别敏感，比如吵人的打字声、别人在抖脚、聊天、吃泡面。这种情况通常发生在最后期限临近或考试即将来临时，因为你对需要完成的事情有强烈的危机感，压力也随之产生。

当你必须做某件事的时候，你的大脑更有可能进入战斗状态，并分泌出大量的去甲肾上腺素。这时，你的大脑不仅对眼前的考试、学习或工作变得过度敏感，而且对周围的声音等因素也变得敏感，这使你的注意力更容易分散。

让去甲肾上腺素成为我们的伙伴

这种反应本身具有生物学意义。当交感神经系统开启时，即处于“战或逃”状态时，大量的去甲肾上腺素被释放，这往往会是一个生死攸关的阶段。人在这种情况下拥有对各种信息敏感的大脑功能是极为重要的。大脑必须能够敏锐地捕捉、判断和应对各种类型的信息，如声响、奇怪的气味、风的方向等。

因此，为了最大限度地发挥去甲肾上腺素的作用，你应该让自己处于一个尽可能安静的环境中，减少刺激和不相关的物体。例如，在你面临巨大压力时，通过**创造一个“只有你和你必须做的事”的环境，就能够将去甲肾上腺素的影响限制在预定的目标上加以利用。**

简而言之，就是你要创造一个环境，尽可能地排除一切可能导致自己分心的刺激和信息，包括周围的声音、景象和气味。如果你能尽可能地专注于你需要做的事情，那么去甲肾上腺素的效果就能获得最大的发挥。

在压力下诱发多巴胺

然而，我们不可能在任何时候都能创造出合适的环境，从本质上讲，我们必须能够让自己做到在任何环境中都能轻松应对。

况且，因为去甲肾上腺素而产生的动机也不能说是一种完全理想的动机，因为它会导致皮质醇的产生，即使在短期内可以克服，长期来看仍可能引发慢性的“黑暗压力”。

那么，我们应该如何利用去甲肾上腺素的亢奋效果，同时又保持注意力，专注于需要做的事情？秘诀就在于多巴胺。

研究表明，在适度的去甲肾上腺素和低水平的多巴胺的情况下，我们的注意力很容易被无关事物吸引。[30]这正是去甲肾上腺素对一切事物的敏感作用所导致的［关于多巴胺和去甲肾上腺素之间关系的更多信息，请参考拙作《原来每个人都说自己压力好大》（*Brain Driven*）］。

但是，多巴胺和去甲肾上腺素的适度分泌，不仅会增加我们对所需方向的注意，而且还会通过减少对噪声等不相关事物的注意来提高我们的表现。[31]

还记得吗？我们的大脑过滤器会对信息进行取舍，我们不仅可以决定接收什么信息，而且还可以决定丢弃什么信息。

为了将注意力从无数的信息中引导向特定的具体信息，大脑还必须删除无数的杂音信号。这就是多巴胺发挥作用的地方。

换句话说，当我们处于“某件事非做不可”的状态时，如果想要消除去甲肾上腺素导致的焦虑、难以集中注意力等消极效果，最好的方法就是提高多巴胺的活跃程度。

训练大脑分泌多巴胺

当你主动想做什么事的时候，大脑就会分泌名为多巴胺的神经递质。在研究情绪的神经科学领域中，它被称为“想要”（Want）或“探寻”（Seek）的因子。另外，当你试图尝试某事或试图挑战某事时，多巴胺也更有可能产生。[32]

最关键的大脑部位，就是负责上行记忆的“腹侧被盖区”（VTA）会出现反应，这里所谓的“想要”和“探寻”不能只是受理性驱使的，而必须是发自内心的。当然，这也分等级，从稍微感兴趣的状态，到强烈的渴望。在多巴胺的作用下，大脑会真正试图去寻找对象，而不是仅在头脑（中央执行网络）中寻找对象。

因此，如果**你发现自己在工作或学习中出现了去甲肾上腺素超标的情况，就得思考如何促使多巴胺的分泌。**但这并不容易。因为工作或学习越困难，你就越难对它们产生渴望。

为什么提高自己的渴望是如此困难？原因之一可能是我们通常不重视自己发自内心渴望做某事的感觉。如果你在日常没有什么压力的环境中都不能重视自己的兴趣和好奇心，自然就不能在高压环境中诱发多巴胺。

因此，你在平时就要养成习惯，重视自己大脑（内心）所探寻的事物。但这里要重视的，**不是对已学会、已经历的**

借助多巴胺的力量

事物所带来的“想要”感觉，而是对更多未知和经验不足的信息的“探寻”感觉。

享受一个我们原本就知道是有趣的事物，当然也是很重要的，但这样做只会增加多巴胺带来的“想要”感觉，而不是“探寻”感觉，就像一直沉浸在你最喜欢的游戏中。

如果是平时就很重视自己的兴趣和好奇心，并且愿意为此利用大脑回路的人，在突然陷入去甲肾上腺素过于旺盛的状态时，他们就能通过调动体内的多巴胺来提升自己的表现。

例如，旅行就是一种促进“探寻”感觉的好方法。虽然有计划的旅行也不错，但有时一个没有计划的、由多巴胺驱动的旅行，听从自己的心情和兴趣的旅行，更加能够增强这种“探寻”感觉和探索未知的能力。

让大脑快乐起舞的 β-内啡肽

β-内啡肽和内源性大麻素这类化学物质也能够使本来可能陷入“黑暗压力”的大脑向“光明压力”转变。

它们有时分别被称为脑内鸦片和脑内麻醉剂，是在大脑中产生的内源性、愉悦性物质。

愉悦性物质不仅让我们感到快乐，还能让大脑更为轻松，缓解“黑暗压力”。但 β-内啡肽和内源性大麻素的好处并不限于此。

大脑有一个叫作伏隔核（NAcc）的部位接收来自腹侧被盖区（VTA）的多巴胺。伏隔核也会向腹侧被盖区发出信号，抑制多巴胺分泌。当你发现某事物无法令自己提起兴趣或出乎意料的时候，你就需要这么一套机制抑制多巴胺。

然而，这套机制的启动速度太快了。有时候只是觉得某件事情有点奇怪，好像和心中所想的不同，或者受到一点挫折，都会抑制多巴胺分泌，导致兴趣丧失，让你选择逃避。这套机制导致你可能对某事物有一点兴趣，但无法持续很长时间，过早地放弃。

β-内啡肽和内源性大麻素有助于避免大脑处于这种状态。研究已经证明，这两种物质都能抑制伏隔核的活动。[33]换句话说，当伏隔核受到抑制，腹侧被盖区的多巴胺释放就不会受到伏隔核影响，这样大脑就能维持在更容易释放多巴胺的状态。

让 β-内啡肽帮助我们

既然被称为愉悦性物质，那么当你处于自己感觉舒适的状态时，你更有可能产生这些物质，比如吃着你喜欢的食物、听着你喜欢的音乐、在你喜欢的空间里。这些情况都会促使身体分泌愉悦性物质。

换句话说，创造一个让你容易进入状态的环境，可以让你更容易诱发多巴胺分泌，而多巴胺可望改善学习和注意力。更重要的是多巴胺对“黑暗压力”也有缓解作用，并且增加“光明压力”。

调节心理平衡状态的脱氢表雄酮

如前文所述，压力激素脱氢表雄酮（DHEA）能够作用于名为神经生长因子（NGFs）的蛋白质，防止神经细胞死亡，并且帮助合成新的神经细胞。此外，DHEA 还有提高免疫力和维持身心状态平衡的作用。[34]

当人体需要去甲肾上腺素的时候，大脑往往会分泌大量的皮质醇，从而引起不适。而 DHEA 的大量分泌则有助于加快人们从这种不适中恢复。[35] DHEA 对身体和精神的这种恢复性作用决定了它对“光明压力”而言也是必不可少的。[36]

当我们的大脑接纳了“压力有积极面”这个观点时，就会开始分泌 DHEA。然而，这极有可能只是在实验环境中的情况。如果在日常生活中也想获得这样的效果，那就必须把压力的好处和价值作为一种记忆，印刻在大脑深处。

DHEA 和多巴胺，是激励我们挑战新事物的物质。已有实验表明，多巴胺释放正常的人比多巴胺耗尽的人**更愿意承担较为困难的任务。**[36]

我们生活在一个信息和事物层出不穷的新时代，该时代充满未知和不确定性。也可以说是一个越来越容易导致黑暗压力的时代。但是，信息的泛滥和未知事物的增加也代表着知识的扩张，因此我们可以将即将到来的时代视为一个有重大成长和学习机会的时代。

那些能够把未知的东西当作积极的挑战，并把与经验相关的压力反应转化为“光明压力”的人，能够不断成长，颠覆旧时代的规则。

发挥 DHEA 的作用

但是要做到这一点，我们就必须在日常生活中养成习惯。我们不可能在遇到未知的那一瞬间立刻就把压力转化为"光明压力"。听一听大脑对未知事物的反应，想一想大脑对新事物的兴趣，勇于挑战该体验。不要一开始就做风险判断，也不要光说不练，"试试"或"放手一搏"的冒险精神正是一种能够促进多巴胺分泌的"探寻"感觉。另外，我们要学会享受这种体验。如果我们只关注结果成功与否，那么很可能无法坚持下去，因为我们做不到的事太多了。

新的体验就像一个充满新发现的宝库，我们应该学会乐在其中。

如果你很难享受新事物，那就试着找到你真正喜欢的事物，并以它们为线索，寻找更多让你感兴趣的事物。

β-内啡肽和内源性大麻素带来的愉悦和享受效果非常好。它们使多巴胺的作用最大化，并缓解“黑暗压力”。成为一个善于享受这些的天才吧！这不仅会提高你的表现，而且肯定会使你的生活朝着更丰富、更快乐的方向发展。

明白了这一点，你就不会再怀疑“压力也有积极的一面”。只要你每天都能感受到压力的好处，你的大脑就会对压力的价值形成一个记忆痕迹。

这样，在你没有意识到的情况下，当面临巨大挑战时，多巴胺、愉悦性物质和 DHEA 都会自动分泌，使你有更好的表现，获得更多的成长机会和快乐，并且形成良性循环。

• 引发“光明压力”的思考法
——从大脑成长原理的角度出发

我们需要的是灵活的“固执”

接下来，我们要从大脑成长的原理出发，探讨能够产生“光明压力”的思维方式。正如前文所述，只有通过重复使用，神经回路才会变得更加强大。当下的大脑状态和大脑的使用方式，都会提高其成长的速度。其中一个要素是心理状态。下面要探讨就是心态问题。

在一次又一次重复做某件事的过程中，坚持和固执是必要的。有重大成就的人往往非常顽固。

固执主要有两种类型。两者都有自己的坚持方式，并需要不断的训练。虽然两者都拥有强大的神经回路，但这两种类型对新信息的反应却有所不同。

A 类型具有稳定的神经回路，当该回路接收到与过去不同的信息或信号时，就会设法排除它们，或者对它们表现出批判、敌对的态度。这应该就是我们认知中的一般意义上的“固执”。

B 类型虽然也具有稳固的思想观念、知识和行为，但对新信息却非常包容，甚至将其吸收到自己强大的神经回路中。这种类型的固执被称为**灵活的“固执”。**

事实上，两种类型的固执都是符合逻辑的。就A类型而言，这是已经长期形成的信息处理方式，是非常节省能量的，所以对当事人来说，这些信息本身和这种处理信息的方法都是最理想的。这就是为什么当我们在面对陌生信息，或者需要动用与过去不同的大脑运作方式时，大脑就会启动防御反应，产生敌意或回避心理。这是非常自然的反应，通常被称为固定型心态。[37]

B类型虽然同样建立了强大的神经回路，但对信息的过滤、反应和记忆的方式都不相同。B类型以学习的方式对传入的新信息做出反应。事实上，这也是非常节能的。

因为“固执”已经造就稳固的神经回路，具有良好的能效，所以在绝大多数情况下，利用这种神经回路学习的效率比从头开始学习的效率更高。与固定型心态相对的是成长型心态。[38]

近年来，越来越多的人强调应该利用强健的神经回路优势。因为处理信息时能效高，以此为出发点，学习的效率也很高，成长速度更快。像B类型这样的能够接收信息的“固执”，正是灵活的“固执”的特征。

当我们接触到新的领域和新的信息时，灵活的“固执”决定了它们会作为“黑暗压力”在大脑中留下痕迹，还会作为“光明压力”成为个人发展的一部分。

坚持和固执对神经细胞的成长很重要，也是正视自我的最好证据。然而，如果我们只生活在那个封闭的世界里，只利用已经形成的神经回路，那么当我们原有的标准没有得到满足时，就不得不面对期待值落差，产生“越固执就越容易产生压力”的现象。

虽然固执的人确实拥有强大的自我意志，但他们往往试图把这种意志运用到别人身上，并不自觉地期望世界能以他们的方式运转。这种处事的方式在这个 VUCA 时代显然是不合时宜的，因为科技增加了人与人的交流，也增加了信息量。

世界上没有两个人是完全一样的。每个人都有不同的 DNA，经历着不同的人生。**没有两个人处理信息的方式是相同的。因此，如果我们期望别人以我们的方式处理信息，或者期望他们与我们处理信息的方式相匹配，那么就可能导致“黑暗压力”的形成。**

生活环境越是不同，人们就越有可能以不同的方式体验事物。

这也代表刻在我们大脑中的信息和信息处理方式（我们思考和感觉的方式），以及记忆痕迹的状态都会不一样。如果我们对这些差异过于小心谨慎而形成压力反应，就有可能成为“黑暗压力”的牺牲品。

与他人的差异是拓展我们脑内世界的营养物质。每个人的大脑都不一样，理解其他人的脑内世界，就像把他人的脑内世界搬进自己的大脑——那原本是我们有限的注意力无法关注到的世界。我们对自己的观察越深，越拥有明确的

与他人的差异可以成为拓展脑内世界的营养物质

自我。越是以不同的方式看待世界，越是能够把那些不同的世界与自己的思维、感觉和行为方式联系起来，也就越容易把它们作为一种记忆保留下来，从而拓展自己的脑内世界。

在这个 VUCA 时代，我们接触到的与自己不同的人、事、物的概率大大增加了。不言而喻，那些能够从差异中学习的人比那些只会排斥和逃避的人更容易成长。

以自己的方式尊重自我个性，但以灵活的方式处理差异，不仅可以防止“黑暗压力”被放大，还可以将它转化为“光明压力”。

主动尝试寻找并享受“差异”。

如果你遇到的情况与你的感觉、想法或价值观不同，你的大脑的ACC（前扣带回皮质）一定会发现并发出警报。这时，你首先应该注意到这个来自突显网络的反应。

否则，这个警告加上杏仁核的活动，将使你处于警戒状态。**如果你遇到了与你迄今为止形成的经验或知识的差异，你必须立刻察觉，并有意识地引导你的中央执行网络进行识别和编辑，将它们转化为积极的信息。**

例如，如果你遇到了差异，请试着让自己认识到这是一种全新的学习，一种全新的看待世界的方式。并且，你要关注这个差异，对其抱有兴趣和好奇心。

另外，当你感觉到这种差异时，也可以给其贴上“独特”的标签，这样做可能对你非常有效。这是因为，在**许多情况下，贴标签可以让你在一定程度上管理自己的注意力和反应，以便在下意识产生戒心或收到批评反应之前，享受到不同的东西。**

然而，贴标签应该成为一种日常惯例，因为如果你没有给差异贴上积极标签的习惯，那么就无法在导致“黑暗压力”的背景下生存。

要做到这一点，在没有过度的压力反应时，你必须训练自己有意识地主动寻找与他人的差异，并且经常性地给它们贴上积极的标签。**但你要寻找他人的优点、长处和独特性，而不是挑别人的毛病。**

当差异突然到来时，防御心理很容易产生，所以一开始你就需要主动探索和发现差异。然后，你需要通过反复给差异贴上积极的标签，告诉自己“这个差异是对方的优点，并且能够丰富我的人生”。只要它们成为强烈的记忆痕迹，就会在差异突然降临时，促发你的学习欲望。

不仅如此。如果你以这样的态度对待他人，那么，人们就会喜欢你。一个原本总被别人挑错的人，一旦发现你将他的这些“错处”视为个性，一定会很开心。这种喜悦也会感染你，让你的幸福感随之增加。

我们首先要做的就是积极去感知并包容他人与自己的微小差异。然后，我们要让大脑明白差异的魅力，这是创造“光明压力”的一个重要方法。

学习新事物时的“迷糊”感是大脑正在成长的证明

当我们试图学习新东西或试图做一些不熟悉的事情时，我们的大脑有时会出于节省能量的目的而进行抵抗，仿佛在提醒你：“这个回路在你小时候的神经修剪阶段就已经被淘汰掉了！”

所以在学习新东西时，我们往往会有**一种迷迷糊糊或非常疲惫的感觉**，因为你正在做你的大脑不习惯的事情。意识到这种感觉的存在是非常重要的，你得用积极的心态来看待它。因为这代表着**大脑正处于努力开辟神经回路的状态。**

大多数人在面对这种模糊感时，自然会产生逃避反应。但如果你想让新的学习成果在大脑中扎根，取得某个成就，

迷迷糊糊的感觉是大脑正在成长的证明

获得某种能力，那就必须克服这个迷迷糊糊的过程。此时，你得忍耐，直到新的回路顺利开通，并且稳定下来。

这是大脑在学习新事物时必然出现的反应。如果你每次都对此逃避，那么你的大脑就永远不会成长。**这就像你在锻炼时经历的肌肉酸痛，或者可以把它看成是神经细胞的生长痛。**

每次遇到这种感觉就想逃避的人，总会告诉自己这是因为这件事不适合他们，一定有更好的选择。

于是，有人终其一生都在寻找这个不会让自己迷糊的幻想。

万事开头难。那些一开始就不会让人感到迷糊的事情，意味着其被任何人做都一样，几乎没有学习和使人成长的价值。

在学习新事物的过程中，迷迷糊糊和神经细胞的生长痛

是很常见的。不如把它们看作是一个积极的信号，因为它们代表着你的大脑正在正常生长。仅仅这一点就会让你感觉到，原本在不知不觉间被“黑暗压力”侵蚀的心灵正在逐渐被“光明压力”治愈。

“兜圈子”能够促进神经细胞生长

接收的信息越抽象，大脑处理起来就越困难。很多人遇到这种情况就会倍感受挫，因为他们觉得自己的思考能力或者想象能力不够。

想象不存在的世界，或者理解无形的微观世界、自然现象和非语言世界的理论，都需要大脑消耗巨大的能量。

当你试图让大脑处理过于抽象的或太陌生的信息时，你的大脑就开始“兜圈子”。你有没有过这样的经历：明明想继续思考或者想象下一步，但却发现自己在反复回忆同样的事情？

这时，很多人会认为自己在“兜圈子”，并消极地认为自己根本没有集中精力或没有向前迈进，同时往往也会受到来自外界的负面反馈。因此，很多人选择放弃继续“兜圈子”。

为什么大脑会“兜圈子”？假设你正试图理解非常抽象的X。想要理解X，需要大脑中的信息，即信息A、B和C。

然而，如果对A、B和C的记忆不深，那么大脑光是寻找该记忆就要耗尽全部能量。比如，大脑为了理解及设想X和A的关系就已精疲力竭。

从"兜圈子"到创造新世界

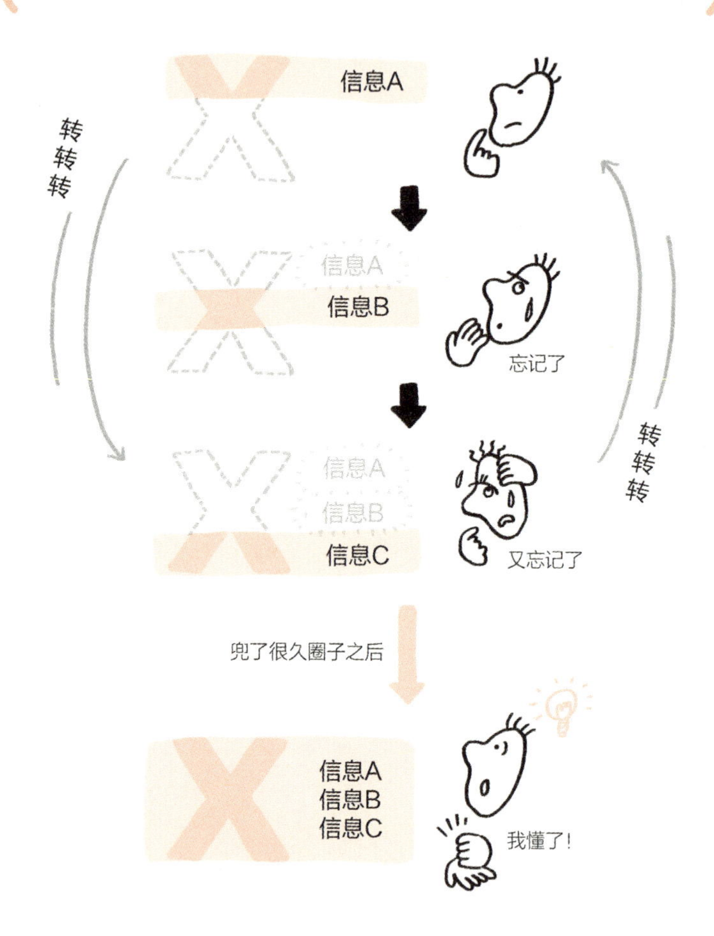

接着，当你试图把 X 和 B 联系起来的时候，由于 X 和 A 的联系太弱，这段关系就被你遗忘了。你想要理解 X，但却想不起 A 这个线索，导致 X 成为不可理解的信息。所以，大脑才会又开始思考 X 和 A 之间的关系。这时你就会发现自己

“又在思考同一件事”了。

但其实这种“兜圈子”的思维方式能够加强X和A之间、X和B之间、X和C之间的联系。

联系的加强代表记忆痕迹变得更深。髓鞘变厚，突触上的受体出现的频率不断增加，激活每段神经细胞连接所需的能量逐渐变得更有效率，最后，每个连接都能在大脑中得到体现，抽象的X也能被理解。

只要能够客观地理解这一点，我们就会更容易意识到自己的大脑正在“兜圈子”，也会更加倾向于让自己的大脑“兜圈子”。在坚持不懈地兜兜转转之后，我们就能够理解别人难以理解的抽象事物了。

有关“冲突”的信息处理让大脑快速成长

“冲突”也经常被看作是一种不太有利的反应。然而，直面冲突能够训练我们的决策和直觉能力，因此我们不应掉以轻心。

有一个著名的实验，被试要说出“意思是不同颜色”的单词的颜色［例如，单词Purple（意思是紫色）、Blue（意思是蓝色）的颜色是红色、黄色］。实验结果证明，说出这些单词的颜色可能比简单地读出一串单词更难。

说出单词的颜色，而不是单词的意思，是我们不习惯做的，所以这个行为是在中央执行网络的控制下进行的。我们的意志向大脑发送指令，要求我们读出单词的实际颜色。

然而，我们的大脑中已经牢牢地储存了关于文字表面信息和颜色信息的强烈记忆。人们认为来自该大脑（主要是默认模式网络）的信号与中央执行网络形成了对立，造成了中央执行网络在辨认单词颜色时速度变慢。

事实上，这是一种简单的冲突现象。它是我们过去积累的记忆和当前大脑所接收到的指令的互相抵触（差异性检测）。而负责控制这种冲突现象的大脑区域主要是ACC[39]。

从解剖学上讲，ACC位于主要负责中央执行网络的额叶和主要负责默认模式网络的PCC之间。ACC负责的突显网络会对侦测到的错误发出信号。

但这种信号在大脑中的表达方式不是语言，而是一种非语言的违和感，这就会或多或少地影响着我们的行为决策和执行。这就是为什么我们能意识到这种违和感和冲突，并且有能力用语言表达这种非语言信息的关键所在。

我们每天都在很大程度上使用这种冲突机制，但很少能察觉到它，也不太会用语言将其表达出来。在咖啡馆里坐在哪个位置，在餐馆里点什么菜，给别人提出A或B的建议，选择去哪家公司上班……每当我们面临这些选项时，相关的记忆就会立刻出现，而大脑则会根据这些记忆做出选择。

冲突的信息处理能够使我们的大脑快速成长。因为当出现多个选项时，大脑就必须同时抽取出与它们相关的记忆。

记忆中包含的信息不仅有语言和数字，还有情感和感觉。应对冲突需要一种综合处理机制。你处理的内容与你的大脑中的记忆联系得越频繁，就越说明做出这个选择很难，所需的能量也就越大。

当然，越是对人影响大的决定，大脑就越是需要大量的信息才能做出判断，并且需要更多的时间和精力来处理这些信息。大脑有时会将这种能量的消耗当作浪费，因此有时我们会放弃冲突，但**不管冲突的结果如何，比如做出什么决定或者采取什么行动，都会对当事人的学习产生非常大的影响**。

这是因为大脑越是拥有许多抽取记忆的经验，就越容易察觉到记忆和现实之间的差异。我们正是在这种差异中进行学习的。

然而，很多人在经历了这种冲突后，却什么也没学到。因为他们一味地沉浸在成功的喜悦中，没有进行任何相关的学习。如果能够回顾成功背后的奋斗历程，思考在做出和实施决定时优先考虑了哪些因素，并将其转化为语言，那么一定能提高我们的判断力和行动力。

另外，失败的决定显然是一个难以面对的事实，它会引发负面的情绪和想法。然而，我们同样可以通过回顾做出决定和采取行动时大脑中的选择，并用言语表达当时纠结的过程，从失败中学到经验教训。可以说，认真烦恼后的失败是成长的重大动力。

但这样做的先决条件是必须拥有能够察觉到大脑反应的

“意识”（Awareness）能力。

如果没有察觉的能力，那么冲突状态往往就会引起压力反应，大脑就会下意识地选择一种反应来阻止冲突状态，大多数情况下我们就无法进行学习了。

根据环境的不同，冲突状态可能会延长。从压力管理的角度来看，如果我们对冲突状态毫无自知之明，只是每天郁郁寡欢，那么对身体和心理显然都是极不健康的。这种慢性压力就是一种“黑暗压力”。因此，重要的是我们要具备察觉“冲突”正在发生的能力，并在日常工作中践行重视冲突的思维方式，这对学习和压力管理来说都很重要。

不要夺走从冲突中成长的机会

当一个人处于冲突状态时，周围的人是否明白冲突的价值也是非常重要的一点。冲突是成长的机会，来自他人的负面反馈会增加压力。但如果周围的人因为认为这种冲突状态“很可怜”而提供解决冲突的办法，那么就有可能让当事人失去从冲突中成长的机会。

当然，如果处于冲突状态中的人在身体和精神上受到了很大的伤害，那么周围的人自然有必要向他们提供或共同寻找解决办法。但如果没有，那周围的人就剥夺了这个人的大脑的成长机会。

这就是为什么“过度保护”被认为是不好的。对你自己而言，这一点也完全适用。

不要过早地从别人身上寻找答案，即使别人似乎已经有了答案。只有自己思考才能培养自己的大脑。用你自己的大脑去仔细琢磨，去体会那种迷迷糊糊的感觉，去体会那种困扰和纠结，然后做出决定并采取行动。无论结果如何，通过让你的大脑从中成长，你的直觉会连同这个过程中的冲突状态一起得到培养。

有人认为，在别人已经有答案的事情上纠结和思考是缺乏效率的表现。其实不然。在这种不需要烦恼，也不会让大脑超负荷工作的情况下得到的信息，通常很快就会被遗忘，不会形成记忆痕迹，也无法成为你自己的一部分。

直觉这种能力属于那些即便痛苦也会坚持用自己的大脑思考的人。无论多么艰难，他们都凭自己的意识做出决定并采取行动，并不断从中学习，获得稳固的记忆。因此，大脑的默认模式网络能够立即为他们指引需要的方向。

为了提高直觉的准确性，我们需要借助冲突让大脑变得迷迷糊糊，让大脑反复琢磨、挣扎和反思。这样的习惯对我们很有帮助。

无论是冲突或学习新事物带来的迷糊感，还是思维“兜圈子”的情况，都证明大脑正在消耗大量的能量。这正是大脑成长的标志。

如果你发现自己处于这样的状态，那么就告诉自己：“很多人可能会在这里放弃，但我可要乐在其中！”这种跃跃欲试的心态能够成为最好的催化剂，大大地促进你的成长。所以，每当大脑出现这种迷糊感的时候，就是你应该高兴的时候。

害怕黑暗和未知的大脑会产生“黑暗压力”

对人类来说，可能没有什么比黑暗更可怕的了。

当你想象一些可怕的东西时，脑中呈现的场景通常是黑暗的。即使在今天，如果你被扔到一个漆黑的丛林里，第一反应恐怕都是拼命寻找明亮的地方。黑暗对人类来说是一种最根本的恐惧。

黑暗象征着未知，而未知来自无知。但无知并不直接导致黑暗，未知才是黑暗的温床。

树荫下潜藏着什么？安全？危险？在这样的时候我们都会感到不安和恐惧。如果只是因为不知道，我们并不会感到特别害怕；但是，当因为无知而导致大脑无法启动推测功能时，失去参照物的大脑就会产生名为未知的错误反应。

可以说，未知会直接诱发名为黑暗的压力反应，而无知则间接地诱发黑暗。黑暗是当大脑和身体在过滤信息时，由于无法顺利转化这些信息而导致的不安和恐惧的情绪反应。

是的，黑暗本不是黑暗，是你的大脑使之成为黑暗。

如果黑暗本身就是恐惧和不安的原因，那么对每个人而言，未知的东西一定会导致恐惧和不安的压力反应。但是对于部分人来说却不然，这说明真正的黑暗其实在我们的内在世界中。

我们并非按照某事物的真实模样去认知它。我们是在用包括大脑在内的神经系统和身体去感知它。可见，**我们之所以会因为黑暗和未知而产生不安和恐惧，原因都在于大脑本身。**

为什么我们的大脑和身体会产生黑暗？这是因为在人类进化历程的很长一个阶段，如果大脑应该获得某种信息却没有真正获得，那么人类面临的结局通常就是“死亡”。例如，猛兽潜伏在哪里？这种陌生的动物是安全的还是危险的？这种蘑菇到底有没有毒？“不知道”和“无法预测”的事物总是与“死亡”直接相关的，于是大脑就会发动不安和恐惧的情绪反应以回避这些事物。

这种本能仍然强烈地残存于我们的大脑中。这种反应无论是过去、现在还是将来都是我们大脑重要的功能之一。然而，与数万年前相比，今天的环境毕竟已经发生了惊人的变化，我们已被现代世界特有的信息所淹没，因此大脑也需要随着时代的变化而适应和发展。

对未知事物保持警惕的压力反应在某种程度上是生物体先天获得的重要反应，它提高了生物体的生存机会。在许多情况下，教育也进一步增强了这种反应。

简单来说，**将未知或无知的状态视为消极状态的教育，会导致人们对未知和无知的看法越来越负面。**

如果一个学生或职员说了一些模棱两可或难以求证的话，那么他们往往会收到负面的反馈。为什么人一旦表现出无知的样子，就会被嘲笑或被责骂？因为大多数教育只会处理“有正确答案”的问题。

然而，以“有正确答案”为前提，大脑就会产生对答案的期望和预测。当期望落空，预测失败，大脑就会认定这是个“错误”。由于受到消极偏见的影响，我们就会对此耿耿于怀，大脑就会认为这是我们自己的不足。如果大脑总接收这样的信息，那么我们不仅会缺失自我肯定感，还会越来越倾向于把功能都使用在挑剔自己和别人的缺点上。

长此以往，这种压力就会在大脑和身体中积累，成为“黑暗压力”，使我们产生逃避心理。

这通常会导致人们对未知事物的逃避。但学习行为本就是以新事物和未知事物为对象的，于是一个逃避学习的大脑就形成了。

此外，当只有找到正确答案才能获得积极反馈时，大脑在面对没有答案的模糊问题或抽象问题时就难以发现其意义和目的。并非找答案这件事本身不好，问题在于让大脑认定“未知和无知是负面状态”的学习环境不好。

然而，在大多数环境中，下意识地产生消极偏见是很正常的，所以我们也不能只责怪环境，而必须主动调整自身对于未知和无知状态的态度和思考方式。

使目标和目的转化为记忆痕迹，增加成功机会

未知事物所具有的模糊性和不确定性，很容易影响我们的心理安全感。它会关闭前额叶皮质的功能，降低我们的表现水平。

因此，设立目标和目的是非常有意义的事情。很多时候，明明有必须去做的事，但这件事到底是什么却不够明确；或者明明有崇高的目标，却被遗忘了。

设立明确的目标和目的能够缓解大脑对模糊性的压力反应。当然，如果只是明确目标和目的，然后一了百了，那么意义也不大。虽然通过避免当下的模糊性，压力反应即刻就能够被转化为一种“光明压力”，但更重要的是将目标或目的强烈地烙印在大脑中。只有这样才能提高和维持我们的动力。

即使我们暂时明确了目标或目的，但是可能花不了一天的时间大脑就会忘记它们。大脑刚接收这些信息，一切就结束了，非常可惜。**只有日复一日全心全意地回想这些目标或目的，将强烈的图像信号写进脑内神经细胞，它们才能拥有实质的意义**。

当目标或目的深深刻入大脑中并成为记忆痕迹时，这些信息就会转由默认模式网络处理，并自然地体现于日常行为

中。每天不断地覆写记忆，记忆就会变得越来越清晰，而最终成为我们的动力。

抽象的、概念化的目的尤其需要反复记忆，使其与作为对实际体验的记忆的情景记忆和情绪记忆联系起来以达到大脑记住这个目的的效果。

这个过程有时需要兜圈子，有时需要面对冲突。但这是大脑“模式学习”的一部分。

所谓的“模式学习”，指的是大脑会从实际经验和记忆中发现普遍性的规则，并且建立起一定的模式。

近期研究表明，模式学习是由海马体的后侧到前侧部分负责，越靠近海马体的前侧，记忆就越抽象，并且越强烈。[40] 经历这样的过程后所设立的目标或目的不但能够极大地激活体验的记忆，也会影响感情的记忆，成为一种激励。

如果这个目标或目的是别人给的，那么它就不会有任何效果。它必须源自你的内心。你只有通过试验和错误，才能在不同的经验中找到它。因此，对于有“真正的目标”或“真正的目的”的人来说，它是一种有意义的、有效的驱动力。考虑到这一点，如果你慎重对待它，每天坚持培育它，那么你的表现一定会越来越好。

每天都“培育”自己的目标，也就是在培养自己成为不忘目标的自己。很多时候，我们容易让自己的注意力被眼前的事件、周围人的手段或更小的但较为具体的目标所支配，却忽略了更大、更重要的目标。因为更大的目标在你的大脑中没有得到重视。

通常目标越大就越抽象，所以需要你越发谨慎地对待它。例如，假设你的目标是“造福他人”，但“福”是高度抽象的，你必须每天认真思考这件事，使它成为记忆痕迹留在你的大脑神经细胞中，融入你的身体里，否则这只是“空谈”罢了。

在中央执行网络的主导下，主动将目标说出口，它就会逐渐成为你的一部分。反复这个过程，有时可能需要“兜圈子”，但目标的信息会成为记忆痕迹，可以被默认模式网络处理，从而触发**记忆驱动的**（基于记忆的）行为。

目标是自我想要达到的状态，因此并不难想象。即便如此，我们依然需要不断吸收各种信息，增加自己的经验，培育属于自己的目标。更大的目标往往是概念性的，因此我们需要更多的时间与自我对话。

人们常说，心诚则灵。但确切地说，应该是你不断思考的事物成为现实的概率更高。

当你不断扪心自问自己的目标或目的，使它转化为记忆痕迹，并且完全成为你的一部分时，你的言行就会受到默认模式网络的指导，当然你也就有更多机会接触你的理想世界。

抓住这个机会或机遇的概率也许很高，也许很低。这主要取决于你的目标是什么。然而，可以肯定的是，你向一个机会或机遇伸手的次数越多，你就越有可能抓住它。

一旦目标在大脑中留下印记，
成功的机会自然会增加

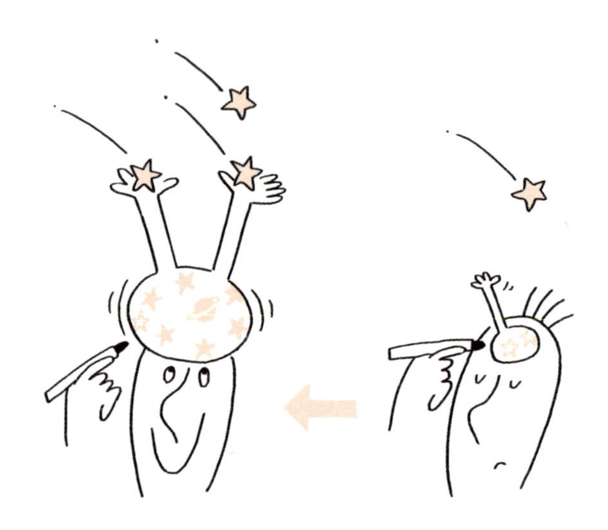

即便只有百分之一的概率，如果你能坚持行动 100 次，那就还是有可能成功的。

然而，如果你的大脑不清楚也不相信你真的会有这样的机会或机遇，那就很难继续行动。正因为如此，不断思考和培育目标的思维方式就非常重要。

“没有目的也能激发行动”的优势

目的能够激励行动。但别忘了，人没有目的也能采取行动。

人类大脑的前额叶皮质特别发达，正如前文所述，海马体的后侧至前侧能够将信息模式化，而在它的延长部位上，还有一个大脑区域叫作 vmPFC（腹内侧前额叶皮质）。

这个大脑区域能够对个人的经验和知识进行生物学意义上的模式化，并且能够第一时间指引人们做出判断，如到底是接近还是逃走。**储存在 vmPFC 中的记忆还会影响我们的价值观的形成。**[41]

更加坚定的目的会成为强大的记忆结晶，并作为默认模式网络的一部分，由 vmPFC 处理。换句话说，你的根本目的是与你的价值观相联系的，所以它才能成为你的行为动机。

这种目的和价值观的形成，表现为每个人的自我特质，是我们最为重要的行为动机之一。但其形成过程的特点表明，它是基于我们自身接收的信息和经验的模式的，而且是有局限性的。

另外，记忆力越强，神经回路的能效就越高，信息也就更容易被优先处理，这就是所谓的“顽固不化”，或者也可称为是一种对输入信息的“偏见化”。

大脑对信息的处理并不平等。过去的信息处理模式所遗留的记忆决定着每个人处理信息的方式。拥有目的和价值观是很重要的，这使信息处理更有效率，但局限性就在于它完全按照个人脑中的信息为基准。

对目的的价值认知程度越高，就越容易为其所困。目的和价值观是大脑对自我经验和所接收信息模式化处理的结果，也可说是你自己的逻辑。

因此，当你遇到不符合自己的逻辑的事件时，你很可能以一种排斥的方式做出反应。这就是为什么我们更需要灵活的“固执”。

拥有自己的目标、价值观和逻辑固然重要，但它们不能代表一切，也不是唯一的答案。这只是大脑的逻辑。而每个大脑的逻辑都是不同的，这就是为什么要灵活接纳自己与他人的差异，并把它们变成学习经验，而不是计较好坏之分。

VUCA 时代需要“非逻辑的能力”

在 VUCA 时代，如果一味地抱怨不确定性，那么我们便无法前行。越是在这个高度不确定的时代，越是需要将压力反应转化为积极的“光明压力”的能力。为此我们需要什么样的思维方法？并非近年来受到广泛关注的“逻辑思维”。当然，逻辑思维能力很重要，在许多场合也很有用，但逻辑思维更多时候可能会扩大我们内心的黑暗。

在模糊和不确定的黑暗中，更多的事物都是粗糙的、不完整的或不合逻辑的。我们能从中找到的都是“做不到”和“不会成功”的理由，这自然将我们引向逃避的方向。当然，逻辑思维有助于解决其中一些问题。

同样的道理可以套用在近年来备受关注的人工智能上。人工智能确实是一个超越人类的逻辑过程。然而，它只能根据过去的数据，从过去的信息中做出推断，所以它很难对没有先例的新事物做出积极的推断，而且它也不知道事情会如何发展。

无论如何，在高度不确定的 VUCA 时代，人们要想利用压力，将它转化为促进自己成长的养分，那就更加需要发展脑内的非逻辑世界。同时活用人工智能的优势和人类的优势，实现两者的共存和共同进化，这是即将到来的新时代要求。

因此，虽然你制定的逻辑很重要，但那些无法用你的目标和价值观解释的行为动机在未来也会变得越来越重要。对于人类和其他生物来说，这些动机才是最强大的。如果我们过于注重逻辑和目的，而我们本能拥有的非逻辑行为动机因此受到压制，那么我们的潜力也会受到限制。

例如，你看到一个孩子在公园里跑来跑去，看起来很开心，可是就算你问这个孩子：“你为什么这么开心？你的人生目标是什么？”相信他也答不出所以然。当你拥抱你心爱的孩子时，你所感受到的幸福没有任何目的。你只想抱着他们。这就是全部。

人们经常谈论有目的的行动的价值，但我们同样必须仔细评估更多无目的的行动的价值。

不知道自己为什么而做，本身可能不会产生什么，但因为自己有感觉而做的状态是最有价值的行动，即使这是无目的的行动。

如果你的大脑莫名其妙地感觉到了什么，这就是来自你内心的某种真实信号。这不是一个可以轻易归结为语言和可以解释的东西。它是你内心产生的一种非语言的情感和感觉。

我这么做是因为它看起来有点儿意思，而且我有点儿好奇。你的行为不是为了一个目的，**你是你做什么的原因。特别是，与那些没有某种明确目的而不能行动的人相比，没有目的而行动的人将有更广泛的活动范围和更广阔的世界**。价值观、目的和你的逻辑，由你的经验形成的模式，会在你身上留下更丰富的信息（记忆），而这些信息（记忆）会建立起一种柔韧的顽强精神。

它是用来做什么的？这有什么意义呢？

无目的的行为也扩大了世界。

不断被他人赋予明确目的的人，如果没有被赋予明确的目的或意义，就很难保持积极性。在一个模糊和不确定的世界中，他们无法找到自己的目的，这使他们无法继续行动和成长。

因此，即使是漫无目的地行动的人，最终也能在他们的行动中找到目的。如果不尝试，人们往往不可能知道该怎么做，在做的过程中创造目的是至关重要的。

专注于令人陶醉的目标限制了一个人的行动和成长潜力。考虑到这一点，在即将到来的 VUCA 时代，能够同时采取有目的和无目的行动的人，其适应性越来越强。

能够漫无目的地行动的人也更能处理那些倾向于作为个人成长潜力的“黑暗压力”的信息，这将对他们的长期成长产生很大的影响。

第 4 章

什么是用压力武装自己的“持续进化型大脑”

——四种化压力为动力的成长型大脑

什么是能够与“光明压力”友好相处的“四种大脑”

在第3章中，我们讨论了感觉和思维方式对促进成长的重要性，通过多巴胺等化学物质的作用，将“黑暗压力”转化为“光明压力”。而在第4章中，我们将进一步探讨如何利用默认模式网络，培养大脑的记忆状态，以便这些感觉和思维方式能够自然流露。

第1章介绍了斯坦福大学的克拉姆博士关于思维模式的研究，结果显示，与没有“压力 = 学习”心态的小组相比，拥有这种心态的小组的“黑暗压力”程度较低。但这个实验的重点在于，被试是由研究人员在实验环境中刻意引导才形成“压力 = 学习”的观点。

在现实世界中，不会有人在你感到压力之前发出提醒。因此，**重要的是将“压力 = 学习”这一事实刻在你心里，形成强烈的记忆。**

如此一来，当你**即将被“黑暗压力”入侵时，就能自动产生“压力 = 学习”的心态，产生与实验室中相同的效果。**

压力程度越高，“压力 = 学习”的记忆就必须越强，否则这种心态在紧急情况下无法发挥作用。你不能只对其进行单纯的理解，还必须将这个观点化为己用，培养强大的记忆结晶。

首先，无论是用日语还是用英语，或者是否要将“黑暗压力”转化为“光明压力”，记忆的关键是相关的神经细胞被“使用”了多少。这就是养成思维习惯的重要性，也是灵活的“固执”的重要性之所在。

其次，除了“使用”的重要性之外，前文中我们也谈到了用心重复思考以促进成长的重要性。这是根据“用进废退”的原则使用大脑。

此外，在神经科学中，记忆的形成还有一个重要的原则，即“**同时受到刺激的神经细胞会串联在一起**”。

为了把“黑暗压力”转化为“光明压力”，不断重复回忆、形成记忆固然重要，但回忆的方式也是关键所在。如何活用神经细胞的记忆原则呢？这就必须遵循“同时性”（Together）原则。

接下来本书将介绍四种回忆方法。它们将帮助你发展出四种不同的大脑类型，即**“过程驱动脑”“弹性脑”“成长驱动脑”和“希望脑”**。

这四种方法必定能够将“黑暗压力”转化为“光明压力”，也是非常重要的记忆训练，可通过后天培养促进大脑的持续进化。下面我将对这种培养所需的重要观点进行说明。

过程驱动脑
——在过程中发现价值的大脑

“结果驱动脑”和“过程驱动脑”

下图是一个简化示意图。横轴代表时间，纵轴代表经历带来的是积极的情绪（上半部）还是消极的情绪（下半部）。

过程驱动脑的培养方法
——将过程中的积极情绪与成功的结果联系在一起

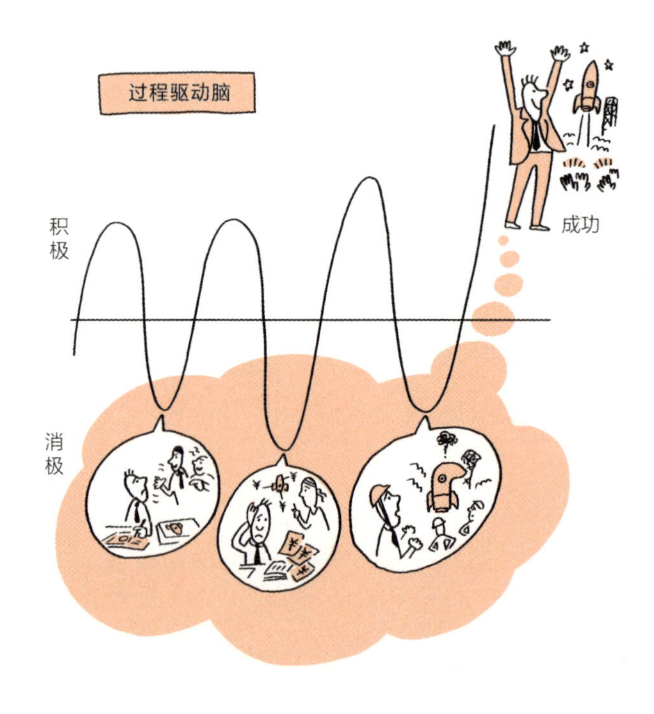

这种使用图进行回忆的方法是众所周知的，很多人应该都听说过。而这种跨越时间的回望是极其重要的。

这是因为如果我们**不以这种方式跨越时间进行回顾，这种宝贵经验的信息就会以一种相当偏颇的方式在大脑中留下痕迹。**

哪些具体的记忆最有可能被刻在大脑中？其实，最有可能被记住的部分往往是最终结果。如果你非常成功，你会把那一刻的快乐和愉悦强烈地写入你的情景记忆和情绪记忆；如果你失败了，挫折和失望同样会和这段经历一起被保存。

有结果的事件对我们来说更可能是高度情绪化的，因此相关信息更有可能被大脑记住。

强烈的记忆对我们有什么影响吗？有重大影响。那些已经非常成功并对结果感到非常高兴的人，会进入一种“结果驱动”的大脑状态。这意味着，**成为结果驱动的动机是由过去的信息，即记忆引发的。结果驱动意味着我们的行为动力是基于对结果的预期回报的激励。**

相反，强烈的负面情绪记忆会促使我们回避该结果。这就是动机被强烈的结果记忆所影响的表现。

这就是为什么人们都说成功的案例是如此重要。因为成功的经验，除了包含我们在其间经历的积极的情景记忆之外，同时也是激励我们采取进一步行动的情绪记忆的来源。而且由于这种情感反应非常强烈，我们无须特地去进行回忆，记忆就会留在脑中，鼓励我们采取行动。

的确，对大脑来说，积累有结果的成功案例是非常重要的。这也是自我肯定和自信的来源。然而，随便地积累成功案例也是不行的。要正确利用结果驱动的大脑，就必须全面了解一味追求有结果的成功案例的风险。

成功的经验必定有自己的过程。这很显然，但我们需要重新认识这一点，并把它留在记忆的痕迹中，以便让大脑学习。因为根据大脑的学习模式来看，与结果有关的、倾向于引起大量情绪记忆的事物会被更优先记住。

大脑的运转除了有结果驱动的动机，也有过程驱动的动机。为了培养过程驱动的大脑，大脑必须把重点放在情绪记忆比较薄弱的过程上，让积极的情景记忆和情绪记忆留下记忆痕迹。

因为结果驱动来源的记忆无须大脑特别回忆就能被记住，所以它们自然更有可能成为强势的记忆。但在过程驱动来源的记忆中，积极的部分被大脑记住的可能性却较低，需要有意识地关注和加强回忆。

如果能同时拥有结果驱动脑和过程驱动脑，那就再好不过了。结果驱动脑可以通过成功的经验形成，所以我们更需要注意的是培养过程驱动脑。要做到这一点，我们需要回过头来，以元认知的方式，从俯瞰的角度，来关注结果，来关注过程。

获得“过程驱动脑”的两个要点

无论是学习新事物、负责新项目、处理新工作，还是挑战一个不知答案的问题，很多时候，无论你的目标是什么，结果的产生都只在一瞬间，而在过程中花费的时间却多得多。

过程驱动脑是一种大脑对过程价值有强烈记忆的状态。这个过程中自然会有不顺利的时候，但也会有很多积极情绪主导的时刻，只要能够意识到这些积极时刻就足矣。你应该尽量注意过程中的积极感受，并将它们记录下来，分享给你的亲友或合作伙伴们。

努力做某件事的过程中有新的见解或发现，有你自己和你的伙伴的成长，你们一起吃了顿饭，谈了一个特别的话题，或者只是闲聊些与主题无关的事。请好好回想和体会这些琐事，让大脑记住它们都是非常重要的信息。

因为如果大脑中没有关于过程中宝贵经验的信息，那就自然无法形成一个过程驱动脑。

而如果这个过程已经结束，那么这就是开发过程驱动脑的最重要的时机。比如，你已经取得了一些成就，千万不要只顾品尝成果的滋味，还要细品过程中发生的各种积极事件。

当一件事有了结果，你感受到伴随着幸福和兴奋的积极

情绪时，重要的是回顾在这个过程中所经历的享受、成长，以及各种领悟和学习。

关键就在于同时性。如果只是单纯地回想美好的往事，那就只会留下开心的记忆，但这只是当时的某一段情绪记忆罢了。你必须在结果导致强烈的积极情绪出现时，同时激活过程中的积极记忆，才能发挥“同时受到刺激的神经细胞会串联在一起”的效果。

换句话说，**就是你要将过程中的体验与成果所带来的巨大的积极情绪串联在一起**。能做到这一点，大脑就能够记住“过程也是创造结果的重要环节”这个认知。

只要能够在各种不同的经历过程中或多或少地重复这种回忆，就能逐渐培养出过程驱动脑。

过程比结果更重要的科学理由

如果大脑只积累成功经验，就可能产生一种风险：当面对看不到结果的事情时，大脑将失去动力。虽然你能一直成长，不断取得成功，但只靠结果驱动脑来维持动力也是可行的。

然而，在现实中要持续产生实质性的成果太难了。而且，如果结果驱动的动机过强，大脑一旦遇上很难得到结果的事情就会完全丧失干劲。

新的挑战和变化总是充满了不确定性。如果过于依赖结果驱动脑的动机，你就会被过去产生结果的做法、想法和言行举止捆绑，而且你只会被这种模式中看起来可能有效的事物所激励。

因此，仅由结果驱动的行为动机是脆弱的。因为如果你只被可能产生结果的东西所驱动，你就不太可能对新的挑战和变化抱有开放的态度，因此也不太可能获得成长。

有一种常见的情况是虽然你积累了很多成功的经验，却没有适当的回顾过程，一旦遭遇挫折，这种动机就会轻而易举地崩溃。因为大脑已经积累了许多成功的经验，无法认知“过程的价值”。而当你在这种情况下失败，失去可预期的结果时，你就失去了前进的动力。

很少有人能够持续地获得成功。所以，我们不仅需要一个结果驱动脑，还需要一个过程驱动脑。只要能够培养出过程驱动脑，**那么即便结果无法预测，走向结果的过程也能为我们带来价值和动力**。

弹性脑
——能够承受打击的大脑

培养“不受挫折的心”

为了继续积极挑战未知，我们还需要一种被称为“弹性”的能力。弹性就是不受挫折的心。这听起来非常抽象，容易让人认为是一种与生俱来的天赋。环顾身边，你可能经常羡慕别人坚强，不受挫折。

但其实不受挫折的心并非来自基因或天赋。它绝对是我们后天形成的能力之一。也就是说，没有人天生就有不受挫折的心。

受到挫折，振作起来，继续前进——有过这种经验，下一步就会发现“弹性”这种能力的存在。当然了，有人会在重复经历挫折后获得弹性，而无法做到这一点的人也不少。不仅如此，后者还可能在屡遭挫折后失去自信，责怪自己或他人，走向不尽如人意的结局，并且出现这种情况的概率非常高。

挫折确实可能会让我们变得自卑、懦弱。但另一方面，它也可能让我们获得巨大的成长，培育出一颗不受挫折的心。出现这两种相反结果的关键就在于我们是否拥有一定的元认知。

如何培养“弹性脑”

那么，怎样才能培养“弹性脑”呢？

在解释过程驱动脑的时候我们使用了经验过程图，这里我们用同样的方式来对弹性脑做说明。

在前文过程驱动脑的培养方法图中，我们提到，终点部分代表的是结果。在获得成功经验时，我们往往会随之产生强烈的积极情绪，因此容易留下深刻的记忆。但这样容易形成结果驱动脑，为了获得过程驱动脑，我们就必须主动回忆过程中产生积极情绪的瞬间，将过程记忆与积极情绪联系起来，并让大脑记住。

换言之就是要让我们的大脑过滤出过程中的积极面，并使之形成记忆，制造“快乐的杏仁核”。

但是，为了获得弹性脑，我们就有必要关注过程中的消极面。在任何经历的过程中，关注消极情绪都比关注积极情绪更容易。这是因为我们从事的事情越困难，所经历的失败、压力和冲突越多，暴露的负面情绪就越多，更何况还存在消极偏见的影响。

但负面的经验也是宝贵的学习对象。**到底是将这段经历简单地储存为导致“忧郁的杏仁核”的负面记忆，还是把它作为培育弹性脑的养料，这取决于我们的感觉、思考方式和我们自己选择创造记忆的方式。**

PDCA 方法的风险

当遇到挫折或失败时，我们往往会反思和反省。这是一个非常重要的学习过程。只有这样，我们才能彻底找出原因，明白自己哪里做得不好或不够。此外，我们还可以就如何解决问题提出假设，并加以实施。如果问题依然无法解决，我们便会持续这种循环：找出原因，解决问题，然后获得成长。

这种所谓的 PDCA 方法在许多场合都可以应用，它对学习和成长有极大的帮助。

但是，如果没有事先了解清楚 PDCA 的问题点就胡乱使用这种方法，效果就会大打折扣。

简单地说，**在技术和知识方面，PDCA 方法确实能够有效地提高我们的表现。但在思想和精神层面上，它有可能起到反效果。**

这是因为 PDCA 方法会使我们把注意力集中在自己的问题和缺点上，导致负面的经历和相关的负面情绪更有可能被写入大脑。这当然会让大脑形成你做事总是力有不逮的印象。

这可能导致自我怀疑，使人失去自信，感到自卑，从而失去学习的动力，不愿意学习新事物。换句话说，这些情绪会导致逃避成长的心态形成。

这样的状态与弹性脑相差甚远。为了培养无惧挫折的弹性脑，仅靠反复面对和改进自身问题是不够的。

培养“弹性脑”的关键在于全面地看待经验

培养弹性脑的关键在于事情进展顺利、获得成功或有成长的实际感受时，抓住此类时机来回顾经验的过程。**具体而言就是，我们在对成功或成长有实际感受的某个当下，能否回忆过往的失败、压力体验、焦虑和纠结感等。**

千万不能轻视这些。从神经科学的角度来看，这种做法意义重大。这种回顾很好地利用了成功经验所带来的强烈的积极情绪，以及相关记忆的力量，与培养过程驱动脑的方式是相同的。

换句话说，“同时受到刺激的神经细胞会串联在一起”这个原则对于培养弹性脑也很重要。

这个原则的关键点就是“同时性”。我们必须在意识到强烈的积极情绪产生时，让大脑“同时”回忆起在这个过程中经历的一切内容，使之与成功经验和成长感受联系起来。如此，**脑中的记忆就会出现重新连线（Rewire）的现象。**

在经历了失败的痛苦后，这段情节会被储存在海马体中，而痛苦的情绪则被储存在杏仁核中。如下图，如果是在成功经验形成的当下，也就是在产生积极的情绪的状态下，回忆痛苦的体验（即情景记忆），两者就会产生关联，并且会出现情绪记忆的覆写现象。[42]

如何培养弹性脑
——将过程中的消极情绪与成功联系起来

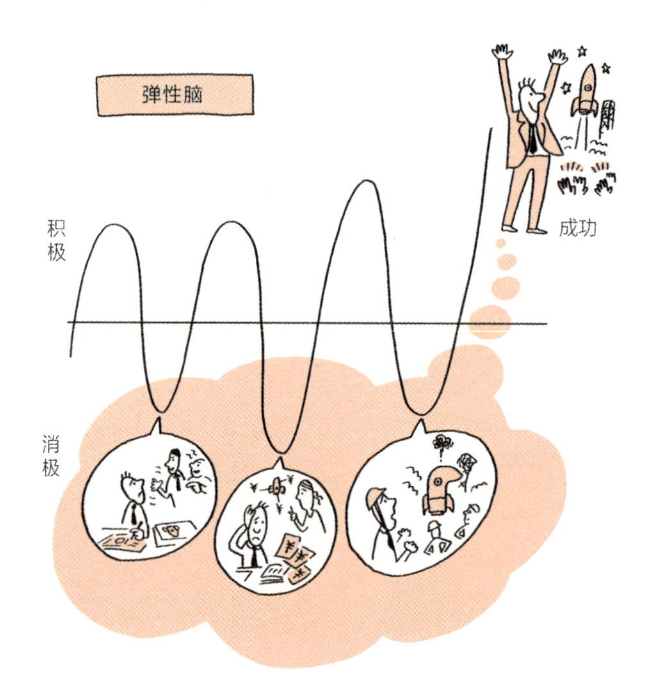

这样一来，**过去的痛苦经历，即过程中的失败和压力，就被印在大脑中，形成“正因为有这段经历，才能尝到成功的喜悦”的因果关系，使负面经历也化为成功和成长的一部分。**

这就是看待过程的全面视角。相反，如果在失败时，我们以“点”的视角看待过程中的负面情绪，采用 PDCA 方法来解决问题，试图获得成长，那么大脑无论如何都不会把强忍痛苦、努力前行的过程与成功和成长的积极感受联系起来。而只要两者没有被连接起来，那么“重新连线”就无从谈起，痛苦的经历就会一直作为痛苦的经历储存在大脑中。

在许多情况下，我们在失败时都会反思和反省，却很少在大脑中记录失败与成功和成长的联系。

如果故事仅止于成功和成长，那将是一种浪费。简单地沉浸在成长和成功中，只会愈加强化结果驱动脑。

我们必须专注于过程中的积极因素，培养过程驱动脑。同时，我们也必须意识到这个过程中的痛苦和艰难也具有“同时性”，全面地看待整个过程，将之视为连贯的“线”而非分散的“点”。基于情绪覆写的原则，原本那些作为痛苦的“点”而被储存在大脑中的记忆，会被改写为有价值的、重要的记忆，被大脑认定为成功和成长的前提条件，从而培养出不受挫折的心和弹性脑。

打造顽强大脑的科学方法

当然，在感受积极情绪时由自己主动对这个过程中的痛苦经验及相关情绪进行回忆，效果一定非常好。

但除此以外，由团队成员、教练、教师、父母等协助进行的将“点”连成“线”的方法也非常有效。

一个优秀的引导者不会鼓励只为一个“点”而反思和反省。正如史蒂夫·乔布斯所说的“connecting the dots”，也就是把“点”连成“线”，我们要以俯瞰的方式展示这段经验之“线”，将意识引向成功和成长的道路，从而促进大脑的“重新连线”。

当我们笑着面对彼此，说着“恭喜恭喜，真是太不容易了”，深深感慨于这段经历的时刻，正是失败和挣扎等压力升华为成长的催化剂的时刻。

这种回顾的时机决不限于重大比赛或活动。当然，重大事件有更强的情感影响，它们在记忆中保持得更久，影响更大。但在日常生活中，也隐藏着能促进我们成功和成长的时机。

为了高效地培养出弹性脑，我们不能忽略任何微小的成功和成长，必须将过程中的负面记忆物理性地写进神经细胞，使之发生结构改变。

一旦失败、挣扎和痛苦的经历在大脑中储存了与成功和成长有关的情感记忆，当你下次面临困难或困境时，这些记忆就会被激发出来，你自然而然的反应就是：这次失败或困难会帮助我成长，推动我前进。弹性脑的价值就在于此，它可以表现出这样的大脑反应，并促使我们不断学习和接受挑战。

没有挑战，就没有成长。黑暗恰是学习的宝库。一味逃避，自然无从学习。人们从失败和困难中会学到很多东西。但是如果它们只是作为痛苦的经历保留在大脑中，那就是一种浪费。有必要在大脑中物理性地形成“痛苦的经历是个人成长的一个环节”的观念。

这既不是天赋，也不是什么魔法，**只是一个自然规律。只要我们能够稳定地将这个过程中的痛苦经历与激发积极情绪的成长和成功经历联系起来，就自然能培养出一个“有弹性”的大脑和一颗百折不挠的心。**

成长驱动脑
——致力于不断成长的大脑

成长型思维模式（Growth Mindset）的概念

每个人都渴望成功而不是失败，没有比取得成功更好的结局了。因此，以追求成功为目标的动力在大脑中更容易形成。

设定明确的目标或目的，确实能够提高我们的动力。相对的，如果没有目标或目的，那么我们就会变得没有干劲。

正因为如此，除了结果驱动脑，我们还必须发挥过程驱动脑的作用，关注过程中的积极信息。同时，将过程中的消极信息与成功的喜悦联系起来，培养弹性脑。

过程驱动脑和弹性脑的基础，是一种可以把所有经验都转化为成长所需要素的过滤器，它被称为成长型思维模式（Growth Mindset）。所有的经验都来自学习。可以说，只要养成将所有的经验都与自身成长联系起来的习惯，就能够培养过程驱动脑和弹性脑。

成功和失败都很容易引发强烈的感情，因此容易受到关注。这也是为什么很多人一味地纠结于成功还是失败。当然，成功与失败所造就的记忆很重要。但是，如果过于在意成功或是失败，往往会让人忽视自己的成长过程。

与其说，重大的失败必定带来重大的教训，不如说，失败越大，能够学到的东西就越多。

但是，基本上失败都会在脑中形成负面的记忆，导致很多人选择回避失败，最典型的反应就是刻意忽视失败。

希望不曾失败，因此故意无视失败，这样做会让大脑形成不接收负面记忆的防御机制。有人认为不应该回避失败，这种防御反应不该被否定，因为对于当事人来说，它是必要的。

如果失败的打击大到难以面对，那该怎么办？

我们必须面对、接受失败，并从失败中学习。这听起来不错，但做起来并不容易。为了能够做到这一点，需要合适的条件。有些人的反应之所以是假装失败不存在，或者不去面对失败，是因为在他们的脑中存在着某些相当深刻的与失败相关的经验和记忆。

对于因为失败而遭到责骂甚至殴打，从而留下痛苦记忆的人来说，从短期来看，他们回避失败的反应是一种必要的保命手段。强烈的记忆影响了默认模式网络，导致了回避的产生。如果否定这种强烈的反应，反而会形成更加牢固的负面记忆。

如果回避行为非常强烈，以至于当事人不能以这种方式面对失败，那么首先应该接受这种回避行为。因为这种极端的反应往往预示着一种心理上的不安全状态。

一旦心理上的安全感无法确保，前额叶皮质的机能就会变差，所以不管“从失败中学习”这句话多么合理，即便你的中央执行网络明白这个道理，只要你的大脑和你的记忆是根据以前的经验做出强烈的反应来避免错误的，就很难做到从失败中学习。

这就是为什么我们首先必须接受逃避失败的行为，而不是否认它。因为心理安全必须被放在首位，必须减轻当事人所承受的过度压力。

心理安全感让我们能够做到从失败中学习

必须让大脑认识到，这是一个能够安心接受失败的场合，一个“直面失败”具有价值的场合，一个“从失败中学习”具有价值的场合。

当大脑反复进行“安全学习”，即确认周围的人、空间和场所都能够接纳失败之后，它才会产生“安全感”。因此，如果我们一直在逃避失败，那么首先就应该为自己找到能够保障“安全感”的地方或存在。

专注于“成长”，而不是专注于他人或成功

在这样一个有安全感的地方，大脑需要学习的第一件事是创建情景记忆和情绪记忆，让大脑明白“自己也不是一无是处”。许多对失败表现出强烈回避反应的人，往往缺乏能够自我肯定的记忆，而这些信息的形成至关重要。

在这样做的时候，**重点在于不能被别人束缚，而应重视自身；不要被成功束缚，而应重视成长。**不仅你自己要意识到这一点，获得周围人的支持也很重要。

成功或失败只是对行为的评价。这种评价中往往存在与他人的比较。将自己与他人相比较，就会发现自己的缺点和不足。虽然知道自己的缺点能够帮助我们成长，但除非大脑的状态允许我们将缺点作为成长的动力，否则只会失去信心和动力。

有的人会意识到自己的不成熟，并且在与他人比较之后感到不甘心。他们之所以有这种反应，是因为拥有高度成长欲望的大脑。

“不甘心”的感觉是伟大的。不甘心的大脑状态证明你已经能够将自己的失败和不足归咎于自身。这证明你已经做

出了很大的努力，能够非常认真、诚实地面对自己的问题。

很多时候，我们虽然失败了，却不会感到“不甘心”。这代表大脑没有准备好（记忆还不够深刻），或者说还不够投入；也有可能是轻微的回避反应被激活了，虽然没有真的逃避，但已经开始寻找自身以外的失败原因。

在这种情况下，由于压力反应并不强烈，所以中央执行网络仍然能够启动，只是会把失败的原因推到别人身上，而不会自我反思。有这种反应的人也是处于这样的大脑状态，即使他们的心理安全没有受到过分的侵犯，但很可能他们在以前的经历中积累了很多负面的失败的情景记忆和情绪记忆，以至于他们的大脑拒绝自我责备。

换句话说，接受失败并将其改写为学习的记忆在他们目前为止的人生中还没有被写入大脑；或者他们身边有太多喜欢推卸责任的人，对于此类人的印象过于深刻，从而导致大脑过滤器受到了极大的影响。

无论是逃避失败的人，还是推卸责任的人，都需要首先确保心理安全，然后学会在一个接纳和包容失败发生的环境里进行大脑的学习。如果没有这种经验，即使突然告诉你要从失败中学习，或者停止指责他人，学会自己承担责任，恐怕也很难消除根深蒂固的记忆影响。

所以“不被别人束缚，而应重视自身；不被成功束缚，而应重视成长”这句话才这么重要。

为了激励自己从失败中学习，首先我们需要在大脑中植

入对自己成长的强烈意识，以及对这种成长的记忆。这种意识正是成长型思维的源泉，也是对自身能力和智慧能够改变和成长的理解。

不能只是单纯地关注而已，而是要把注意力放在自己的成长和已经取得的成果上面，让大脑深深记住它们，从而发展成长记忆（Growth Memory）。

为了实现这一目标，我们有必要设计一些方法。比如，我们可以将自己的个人成长写下来，并与他人交流，使之成为一种强烈的记忆。

无论什么样的经历，无论成功还是失败，都有值得学习的地方，都有能够帮助我们成长的因素存在。只有我们把每一次经历都变成学习和成长的经验，才能结合思维方式、大脑的过滤器的运作方法和记忆痕迹化的活动培养出成长记忆。

成长记忆是你自己成长的坚实证据，它来自自身大脑中的神经细胞的物理变化，获得这种跨越性的、总体性的记忆，就会产生一种存在于你自己内心的坚定、踏实的信心。

积累了许多类似体验后，**你就会从每一次的经验中学习，而这种体验带来的快乐和愉悦就会印在你的大脑中，使之成为一个寻求成长的大脑。这就是成长驱动脑**。

成长驱动脑是一种在各种经验中寻找成长机会的大脑状态。它不会被成功或失败所带来的强烈反应，或者各种推卸责任的理由所捆绑，而是试图将不同经验与个人成长联系起来。

培养成长记忆

这不是在短期内就可以突然获得的，而是要有意识地把利用中央执行网络作为一种习惯，关注一切成长信息，仔细体会，并在记忆中留下痕迹。如此，大脑就会逐渐形成一个自动尝试将任何经验与个人成长联系在一起的默认模式网络。

希望脑
——不需要根据也有自信的大脑

无根据的自信是一种能力

大家身边应该都有这样的人，他们拥有毫无根据的自信。在别人眼里，这种人可能看起来有点傻。然而，偏偏是这些看起来有些不合群和愚蠢的人，却考上了好大学；或者明明学历不高，却创办了成功的企业。

事实上，从大脑的角度来看，像这样的“傻瓜”更容易成大器。这是因为这样的人更善于利用他们“毫无根据的自信”。在这个意义上，他们一点也不傻。这是一种非常强大的能力，能够不断地将“黑暗压力”转化为“光明压力”。

在这个世界上，“愚蠢”的标签最容易被贴在没有学习能力的人和那些行事鲁莽的人身上。大多数人看到一个莫名自信的人时，通常会嘲讽对方，说“那家伙真傻”或者“也不知道掂量掂量自己”之类的话。

但更过分的是，我们虽出于好心却试图去击溃这种看似愚蠢和毫无根据的自信。这时人们会说，“你这成绩肯定考不上那所学校，放弃吧”“以你的能力绝对不可能创业成功”等。他们自认为是为了对方好，所以这种情况才更加麻烦。

当然，认清现实和明白自己的能力是非常重要的。但鼓励人们审视自己、提醒他们认清现实是一回事，而贬低他们和泼冷水是另一回事。**告诉对方“以你目前的成绩，你有1%的机会考上那所学校”和告诉对方“你肯定考不上”，两者之间的意义天差地别。**

面对“1%的现实”，对方会做出什么决定，周围人无权干涉。谁都没有权利打碎别人的梦想。

因此，如果有人在不太了解你的情况下，仅仅从片面的衡量标准来评价你想要实现的目标或梦想，那么你要能够客观对待。记住，他们所认为的“你该怎么做”充其量只是一种参考。

只要告诉自己“这是别人思考问题的一种方式”就行了。当然，你也可以直接问对方：“那剩下的99%的失败者是什么样的人？”或者“你的采样对象都是像我这样的人吗？”

“无根据的自信”的力量——挑战1%的可能性

统计学意义上的“1%”，是一个根本不存在的“平均人”的样本。例如，以30多岁的男性为样本，那么“30多岁的男性”平均来说是什么样的？

这可是个大问题。现在让我们姑且假设有这样的平均人，每天努力念8小时的书。但如果有个人非常有上进心，每天学习16个小时，比别人努力1倍，那么这个人考上的机会就不再是1%了。

只要你够努力，就可以尽情地改变统计学意义上的数据。此外，一般的统计数据并没有考虑到一个人努力的程度，也没有考虑到潜藏在我们脑中的决心和思维方式。统计数字只能作为参考而已。但现在却有一种趋势，将这些数字看得过于重要。

当然，要推翻统计学意义上的概率，只是付出和别人一样程度的努力是不够的。除了要有坚定的决心和勇气，你还要比别人多付出许多倍的努力。

另外，你还要能够将世人泼的冷水变为自己的能量，保持“船到桥头自然直”的自信，这会带来支持你不断迎接挑战的动力，将“黑暗压力”转化为“光明压力”，提高成功的机会，使你获得巨大的成长。

没有人从一开始就是第一名，没有人一开始就拥有优秀的成绩，没有人一开始就能毫无根据地充满自信。即使是已经成功的人，现在仿佛高高在上，可一开始也可能在竞争中出于垫底的位置，这并不罕见。

不是第一，却以成为第一为目标；没有成功的先例，却勇敢开创新事业。这些勇于挑战新事物的人，并不是从一开始就能确定自己一定会成功。也就是说，他们**每个人在起步时靠的都是毫无根据的自信**，之后这些毫无根据的自信会逐渐转变为有根据的自信。

那些一开始就有很高成功概率的事情，肯定已经有很多人都已经成功过了，不会干等着你来挑战。如果你想要脱颖而出，那么就必须不断挑战那些成功概率很低的事情。即使失败也不气馁，一定要抱有“船到桥头自然直”的自信。

没有任何依据的自信是一种重要的能力

到了这一步，你周围的人可能会向你泼越来越多的冷水。“真是个傻瓜，已经失败了这么多次，还要继续吗？”“你没有才能。”“还有别的方法。”周围人只会把你的失败看作是某件事成功概率极低的证明。

这就是为什么要保持毫无根据的自信，它能把上述现象引发的“黑暗压力”转化为“光明压力”。对于拥有这种自信的人来说，即便成功概率低，他们也不畏惧。相反，他们会认为这是机会，跃跃欲试。并且这种积极性是持续性的。这就是毫无根据的自信的本质。

如果根据一般的概率论而放弃自己的人生，那就太可惜了。

当你挑战新事物，或者决心出人头地时，这种毫无根据的自信是非常重要的。**它是人类重要的能力之一，它让我们拥有“船到桥头自然直”的乐观心态。**这就是希望脑。

高估自己的能力并不是一件坏事

请看下图。它简单说明了心理学中著名的邓宁－克鲁格效应。

从图中可以看出，无论是幽默能力测试、逻辑推理能力测试还是语法能力测试，成绩差的人与成绩好的人相比，其实际得分与预测得分之间的差距更大。

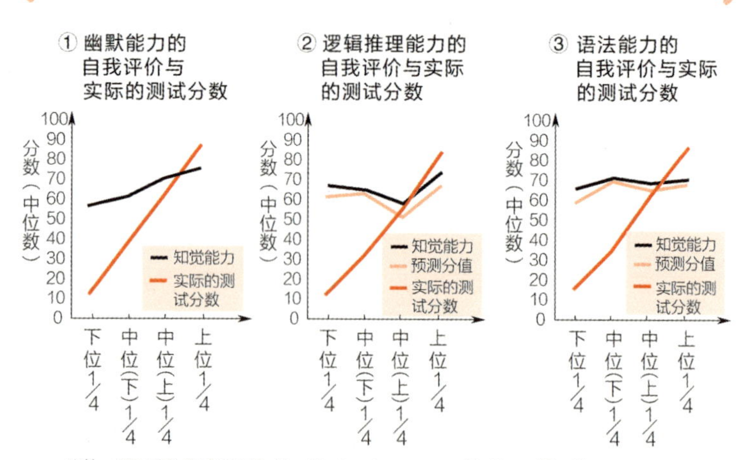

出处：KRUGE, DUNNING. Unskilled and unaware of it: How difficulties in recognizing one’s own incompetence lead to inflated self-assessments[J]. Journal of personality and social psychology,1999, 77(6):1121-1134.

邓宁-克鲁格效应也被描述为一种“优越感错觉”，即能力较差的人对自己的言行和外表的评价高于实际情况。换句话说，他们无法客观评估自己的能力。

但本书对这一数据的解释与一般心理学的解释不同。这种优越感是人类发展所必需的一种基本能力。当你的分数很低或表现很差时，是否会有“本以为没那么差”的想法？并不是只有能力低下的人才会有这种感受。

这种误判和高估的现象并不是缺点，而是我们勇气的一部分，是一种让我们不断尝试新事物的重要能力。是的，毫无根据的自信也是源自于此。

在学习新事物时，本就不可能有明确的、有根据的自信，因为没有人一开始就知道会发生什么。这种情况下，好奇心和这种毫无根据的自信对于积极学习的态度而言是必不可少的。

一个人挑战的新事物越多，就越能认清自己所处的位置。

有了这些实际经验，你就会开始对一般概率的说法深信不疑。但这正是问题的关键。正如邓宁-克鲁格效应所显示的，刚开始的时候每个人或多或少都有一点“船到桥头自然直”的精神。然而，随着获得的经验越来越多，不仅周围的人，就连你那聪明大脑也开始喃喃自语：“太难了，做不到。”

大部分人在这里就屈服了。每个人在开始时都觉得自己能行。然而，当遇到挫折或失败时，他们的自信就会被普遍的概率论和自己的失败经验所击碎，以致开始给自己泼冷水，告诉自己“我没有才能”或者“我的才能一定是在其他方面”。

这样的人往往会在寻找自己才能的路上走很久，到头来也无法开花结果。

是的，才能是要等待开花结果的。无论拥有多少潜力，如果不经过持续的锻炼，也无法得到发挥。正如 DNA 被称为生命之书，其中包含了许多精巧而自由的程式。但如果你只是持有这本书，那么它就只是一个装饰品。只有你真正打开它，仔细阅读，它才能发挥作用。也就是说 **DNA 中的基因必须得到利用，如此才能够表现出来（合成蛋白质）**。

想要把“黑暗压力”转化为“光明压力”，想要相信自己的梦想和希望，不断向前迈进，只靠每个人心中的小小希望是很难做到的。我们必须将小希望培育成大希望。

这里所说的小希望，指的就是无知状态下毫无根据的自信。这种自信虽然很重要，但仅此而已还不足以让我们不断前进。我们需要的是更强大的希望。所谓的更强大的希望是指那种从完全无知的状态开始，尽管一再遭遇失败和挫折，但仍然在心中保存着“船到桥头自然直”的“毫无根据的自信”。

无根据的自信，其根据实际上就在脑中

在遭遇反复的挫折和失败之后，还能保持毫无根据的自信是不容易的。正因为如此，这种自信才成为我们的重要能力。它是推动我们不断成长的火种，能够将“黑暗压力”转化为“光明压力”。

布朗大学的大卫·巴德雷（David Badre）等人发表了题为 *Rostrolateral Prefrontal Cortex and Individual Differences in Uncertainty-Driven Exploration*[43]的文章，其中介绍了一项非常有趣的研究。文章的标题表明，rlPFC（前侧外侧前额叶皮质）这个大脑部位，对于由不确定性所驱动的探索行为，具有极为重要的作用。

这意味着，这个大脑部位负责诱导人做出由不确定性引导的探索行为。这篇文章所探讨的就是 rlPFC 特别发达的人和 rlPFC 不发达的人之间的差异。**正是 rlPFC 的作用引发了毫无根据的自信，这种自信充满模糊性和不确定性，即便不知道事情会如何发展，也没有明确的证据支持，我们也能采取行动。**

rlPFC 位于大脑的最前端，是处理高等信息的大脑区域之一。之所以这样说，是有原因的。根据前额叶皮质信息处理的级联模型显示，负责更高层次信息处理的前额叶皮质

（PFC）具有更多层次的功能结构，越往前额叶皮质的前端靠近，负责处理的信息的抽象程度越高，需要花费的时间也越长。[44]

这是因为PFC中的信息流方向是从后向前的，越接近前端，就越需要整合后方的信息一起处理。

在PFC的后侧，大脑只需要处理后侧特定区域的信息。而越往PFC前侧，大脑需要一起处理的后侧信息就会越多，这使得整个处理过程变得更为复杂。

负责“无根据的自信”的rlPFC就位于大脑的最前端，因此它建立在复杂信息处理的最高水平上。

可以想象，在屡次失败之后仍要点燃巨大的希望，这是多么困难的一件事。对于大脑来说，这也是需要消耗庞大能量的一件事。

事实上，看似聪明的人可能无法很好地利用这种毫无根据的自信。因为聪明人可能成为大脑另一个重要功能——“风险判断”的奴隶。

风险判断是原始的大脑功能，毫无根据的自信才是高层次的大脑功能

“风险判断”这个大脑功能，无论对于我们人类还是对于其他生物都非常重要。

“毫无根据的自信”比“风险判断”更高级的原因

正因为有这个功能，我们才能够事先预测和回避风险，从而提高生存概率。

在生死存亡的关头，大脑的风险判断功能会变得非常活跃。考虑到自尼安德特人的时代以来，我们的DNA并没有发生什么变化，因此原始人大脑的风险判断功能在现代可能就会变得有些反应过度。毕竟，与原始人相比，我们很少会遇到命悬一线的时候。

从这个角度来看，风险判断是一种比较原始的大脑功能。同样的功能在其他哺乳动物身上也能看到。**事实上，风险判断功能主要是由一个叫作“脑岛皮质”的大脑部位负责的。[45]与rlPFC相比，脑岛皮质的位置比较靠后。因此，从前述的级联模型可以看出，无根据的自信的大脑功能比风险判**

断功能更为高级。

而且，鉴于级联模型的一个特点，即较前侧的大脑区域处理信息时会整合后侧大脑区域的信息，真正的“无根据的自信”可以说是大脑对风险进行评估后仍然得出了“船到桥头自然直”的乐观状态。

有人愿意不断尝试看起来非常鲁莽的事情，有人喜欢谈论听起来仿佛天方夜谭的梦想。他们很清楚成功的概率很低，因为他们早已做好风险判断了。

他们克制住了伴随风险判断而来的不安、恐惧等情绪，在自己正在经历的过程中发现希望，毫无根据地相信自己终会成功，在这模糊的、充满不确定性和未知事物的世界中继续着自己的探索之旅。这是一种非常高级的大脑功能。

正是这样的大脑功能把“黑暗压力”变成“光明压力”，使人们更灵活地、同时更顽强地面对任何事物，创造出新的价值。

人工智能不会对1%的可能性下赌注

这也可以用人类注意力的工作机制来解释。

我们的大脑会特别关注危险信号。无论摆在我们面前的信息多么吸引人，多么具有娱乐性，都比不上危险信号。比如，在看一部非常搞笑的电影时，一个拿着枪的人突然冲进来，相信没有人还能继续看电影。

当然这个例子有些极端，但它说明我们大脑的注意力系统会优先考虑危险信号或危机信号，并且引导我们回避风险。本书已经多次提及关于大脑前扣带回皮质（ACC）的错误检测功能，以及它是造成消极偏见的主要原因。

鉴于大脑的这种注意机制，挑战新事物对我们来说就像是被危险信号所包围。如果一件事的成功概率只有1%，对大脑来说这就是注定要失败的事。因为大脑的注意力都集中在危险信号上，自然不会注意到这么微小的成功概率。

在这个过程中，大脑会建立更多“做不到”的印象，以及更多“做不到”的理由，从而使我们完全忽视自己正在做或试图做的事情的吸引力，其中的希望和乐趣，沦为大脑风险判断功能的奴隶，最终放弃新的挑战。

你可能会想：“好吧，如果是这样的话，那就在接受新挑战时有意识地联想一些它们的希望和魅力，不就行了吗?”但现实是，这并不容易做到。这一点也与大脑功能的特点有深刻的关系。

连续失败或挑战成功概率极低的事情，即“不知道会发生什么”或“不知道是否会成功”的高度不确定状态的事情，对于大脑来说是一种非常有压力的情况。这也是为什么大脑基本上会优先考虑规避风险。当我们主动要去做一件成功率很低的事情时，身体自然会产生“黑暗压力”的相关反应，以此让自己放弃这种企图。

从某种意义上来说，这是一种适应性反应。当你有了“不确定因素太多”“不能保证成功”“努力可能是徒劳的”之类的念头，说明你的大脑正分泌大量的压力激素皮质醇。

因此，杏仁核变得更加活跃，而 PFC 的功能则降低了。你不仅无法拥有毫无根据的自信，甚至不能冷静地思考。大脑功能无法运作，当然不可能客观地、有意识地去思考事件的希望或魅力在于何处。因此，当你经历多次失败后再次面对新挑战时，往往很难有意识地把注意力放在希望上。

可见，尽管拥有无根据的自信很重要，但它涉及各种不同的大脑功能，因此要真正获得这种能力并非易事。

真正的“无根据的自信”，必须建立在能够从过去的经验和信息中推断风险的前提下，同时又能控制伴随而来的焦虑和恐惧情绪，阻止自己产生做不到的借口，并且灵活应对失败和周围人冷嘲热讽带来的压力，怀抱理想和希望——这才是真正的“无根据的自信”。

毫无根据的自信是我们人类拥有的伟大能力之一。**聪明的人工智能，绝不会选择去做成功概率只有 1% 的事。因为这样的成功率实在是太低了。但我们人类却有能力使这 1% 不再是 1% 。**

这统计学上的 1% ，可以随你的意愿而改变。只要以正确的方式加倍努力，这 1% 的数字会随着时间的推移而上升。它不会一直是 1% 。此外，即便概率真的只有 1% ，但从另一个层面来说却意味着同样的挑战只要尝试 100 次，就会有成功一次的机会。但为了实现这一次的成功，我们必须从99次失败过程中的“兜圈子”、稀里糊涂和冲突纠结中学习。

希望脑：如何培养毫无根据的自信

本质上，无根据的自信不能只是小小的希望，而必须是非常强烈的希望。它是一种更高层次的信息处理，需要各种大脑功能的介入。这种拥有强烈希望的大脑，其实就是一种像魔法一样，能够把“黑暗压力”变成“光明压力”的大脑状态。其记忆的形成，是通过逐渐发展大脑功能的不同角度来培养的。

可以说，**只要能够培养出过程驱动脑、弹性脑和成长驱动脑，就距离希望脑不远了。**因此，每天一点一点地培养这些大脑状态是非常重要的。

我们不可能在一个含糊不清的世界里突然开发出这些大脑的状态，为此我们必须先拥有明确的目标和目的。

例如，你可以把目标放在乍看起来似乎与自己梦想无关的学校课业和资格考试上；或者放在体育和音乐上，即便你并不打算成为专业的音乐家或运动员。任何经验从本质上来说都是一种学习，都可以培养出过程驱动脑、弹性脑和成长驱动脑。

而同时，那个对你来说充满未知和模糊的世界，以及你内心所感受到的兴趣和好奇也是存在的，你要学会在日常生活中保留一些时间观察那个世界，聆听你的心声。不用考虑太多，随心而动，好好享受这样的时间即可，久而久之，你一定能够找到属于自己的远大梦想和希望。

以这样的心态来面对和学习每一次经验，那么当有一天遇到真正渴望实现的大梦想和大希望时，它一定会成为你最好的助力。

为了能够做到持续挑战结果充满不确定性的事物，我们需要过程驱动脑以帮助我们在过程中发现事物的价值和意义。

在黑暗的世界里，一次又一次失败、自责和来自他人的批评很可能会令最初的那一点希望之光熄灭。**尽管如此，弹性脑能够让我们的心灵坚不可摧。**而支持弹性脑的大脑处理信息的过程就是**成长驱动脑，它不仅关注成功和失败这些容易吸引注意力的部分，而且更关注成长过程本身**。它不仅不会给希望之火浇冷水，而且还会给它注入新鲜空气，让火苗越烧越旺。

这样温暖、不断燃烧的梦想和希望，一定会像太阳一样绽放光芒，没有人能够令它熄灭，并且给周围的人也带去力量。

所以，拥有“光明压力”的人就是太阳一般的存在，当你即将陷入“黑暗压力”的时候，他们也会给你带来光明，将“黑暗压力”变成“光明压力”，形成幸福的良性循环。

成长型思维模式训练

——全面加强“过程驱动脑”“弹性脑”“成长驱动脑”和“希望脑”

❶ 设定回顾的时间段

首先设定一个**回顾的**时间段。（例如，大学四年、入职公司的头四年、进入新部门的第一年、本年度、本季度……）

❷ 写出获得了什么样的成功和成长

从俯瞰的角度，回顾你在这一时期的成功和成长。请至少列出三项成功和六项成长，简要地填入表 1 的“什么样的成功/成长”一列中。也许你会认为“哪能写出那么多？”但是，即使再微小的事件也没关系，因为这些事件不是被别人定义的，而是你自己亲身感受的，请尽量多想一想。这就是以俯瞰的视角观察成长的过程。这样做的关键在于你一边体会“原来我成长了这么多”，一边把它写下来。

表 1　成功和成长的俯瞰表

成功经验	什么样的成功（简要）	之前	之后	快乐程度	困难程度	总分
1						
2						
3						
4						
5						

成长经验	什么样的成长（简要）	之前	之后	快乐程度	困难程度	总分
1						
2						
3						
4						
5						
6						
7						
8						
9						
10						

仔细体会成功和成长的滋味对**“成长驱动脑”的培养**至关重要。

③ 写下“起点”和“终点”

接下来，在**“之前”**和**“之后”**两列中，试着回忆该成功和成长经历在**“起点”**和**“终点”**（或现在）时的具体状态。你可以边写边告诉自己：“以前我是这样的，但现在我是这样的，我可真了不起。”让“之前”和“之后”的两个状态同时呈现在脑中，感受成功和成长带来的喜悦。这是为了让大脑能够从经验中体会这种喜悦感。

④ 得分

为这些成功和成长体验中所感受到的“快乐程度”和“困难程度”打出从 1 到 10 的相对分数，其中 1 代表“稍微有点快乐”或“稍微有点困难”，10 代表“非常快乐”或“非常困难”。在你经历的成功和成长中，一定有让你欣喜若狂的，也有没那么让你开心的，有特别困难的，也有很简单的。对每一项成长和成功的经历打分，以俯瞰的角度进行回顾。

写下“快乐程度”和“困难程度”后，请把两个分数相加填入**“总分”一列**。从这些分数的高低，你就可以看出哪些经验带给自己最深刻的感受。即使是那些分数较低的经验，也可以让你再次品尝到它们曾为你带来的滋味。

⑤ 选择得分最高的项目

完成以上对成功和成长的俯瞰之后，选择“总分”最高的项目，以备用于下一个练习。分数越高的项目，其过程中越是有高低起伏，越容易引发情绪记忆，就越容易成为重要的学习机会。

⑥ 写下所选成功/成长过程中发生的具体事件

从俯瞰的角度，写出你已选择的成功和成长的过程。在表2中，按照你能记得的顺序，详细写下“大约何时”发生，“具体发生了什么”。例如，印象特别深刻的事，成长的里程碑，别人对自己说过的话，自己觉得特别开心的事，琐碎的小插曲，吃过的苦，遇到的困难和烦恼，等等。切记按照回忆的顺序写下尽可能多的记忆，甚至是那些不顺利的或有些牵强的记忆（即便有些事乍看之下并不相关，也可以把它们当成主题，写下围绕它们出现的记忆）。

表2　经验的俯瞰表

大约何时	具体发生了什么	P或N	强度	象征的情绪

⑦ 以相对的和俯瞰的视角，评价所选成功/成长过程中的情绪

“P”和“N”分别代表“**积极**”(Positive)和“**消极**”(Negtive)，用以评价这些事件。用1到5的相对量表给它们的“**强度**”打分。强烈的情绪波动为5，微弱的为1。然后，在“**象征的情绪**”一列写下当时的感受（例如，兴奋、焦虑、激动、高兴等)。

⑧ 连接成功/成长过程中迂回曲折的经历

参照表2标明每次事件的大致时间线（横轴）和P、N分数（纵轴)，并且将这些分数的标记连接起来，就能画出成功/成长曲线，如下图所示。这种连线方式有助于我们将脑中的各种经验连接在一起。

是的，这就是乔布斯所说的“connecting the dots”。不要仅仅回顾某个单一时间点的记忆，而是要从一个横贯的、俯瞰的角度来回忆，并将这些记忆联系起来。

⑨ 将成功/成长过程中的事件抽象化

连接每个点之后，用一句话简要地描述每个点所代表的事件。这是对表2中描述的具体经验的“**归纳**”(**抽象化**)。这种抽象化的步骤正是加深大脑对这些经验记忆的关键。通过在前面的表格中的具体书写，然后将其抽象化，用简短的话表示图上的每个点，使它们更容易同时出现在大脑中。

连接成功/成长的曲折经历

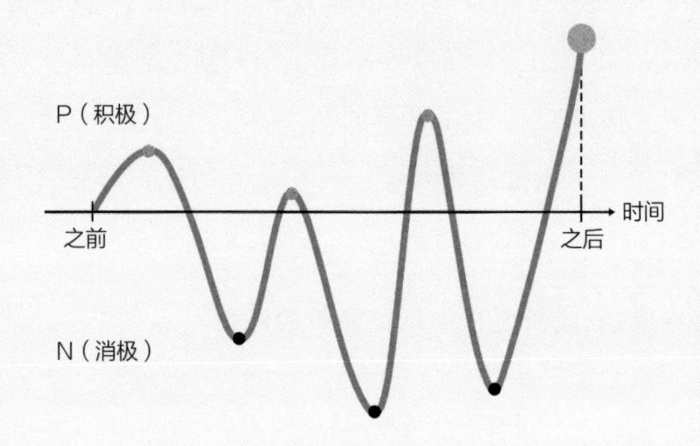

此外，情绪波动也会深刻留在记忆中，所以也应该写下“**象征的情绪**”。

⑩ 为成功/成长故事起标题

完成上图后，请继续全面地观察它。首先给你那跌宕起伏的伟大冒险起一个标题吧！这是将经验抽象化的最佳方法。一定要按照“一想到这个标题，就会让你想起整个故事和其中的细节”的标准决定起什么样的标题。尽量使标题有趣，并且令人难忘。这也是能在大脑中形成记忆的步骤之一（你也可以绘制图标等其他抽象化的符号，以代表经验过程中的节点，并不一定要用语言）。

将成功/成长过程中的事件抽象化

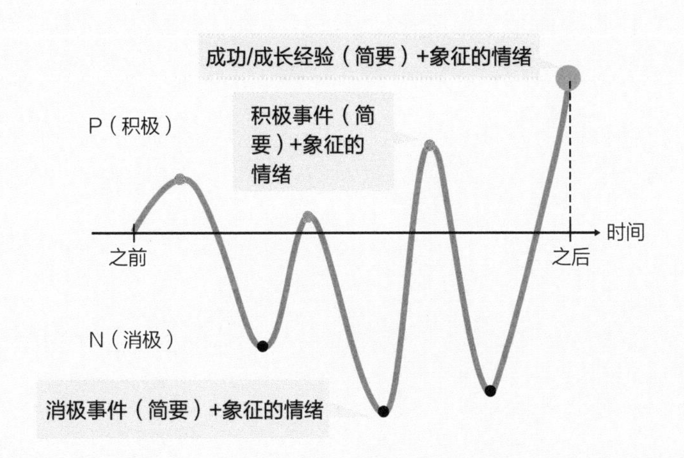

⑪ 将成功/成长的积极轨迹刻印在脑中

如果你已经走到这一步，那么现在该让你的大脑来学习俯瞰成功/成长的过程了。首先，你要回想在成功/成长过程的终点自己曾经感受到的喜悦，同时也要回想过程中发生的各种积极的事件。相信它们对你实现成功/成长做出了重要的贡献。你的大脑也会感受到：结果并非唯一的重点，过程也具有巨大的价值和意义。过程中的积极情绪，和对“过程是成功/成长的一部分”的理解，能够让你培养出**“过程驱动脑”**，而不仅仅是结果驱动脑。

⑫ 将成功/成长的消极轨迹刻印在大脑中。

同样，首先你也要回想在成功/成长过程的终点自己曾经感受到的喜悦，但这一次，你同时要回忆这个过程中发生的众多消极事件。

因为它们也促成了你的这种巨大成长/成功。想想看，你曾有过如此艰难的时期，但你现在已经成功/成长了。感谢那些你所经历的巨大困难和压力吧，你现在已经可以笑谈过往了，这是一种欣慰的回忆。让你的大脑记住：困难、挣扎和压力也是帮助你成长的重要元素。如果你只是在失败的那一个时间点上进行反思，这种大脑学习是不会发生的。只有在你获得成功/成长的时候回忆过程中的那些痛苦经历，才能让两种信息在脑中同时被激发，并且被捆绑在一起，从而培养出带来“光明压力”的**“弹性脑”**。如果一个人的脑中具有“失败、痛苦和压力有助于成功/成长”的强烈观念，那么即便再次遭遇挫折，也不会气馁，因为这个人已经具备弹性脑了。这样的人同时还能够培养出把注意力集中在梦想和希望之上的“希望脑”，不过度关注风险和缺陷。请基于对这一点的深刻理解来“连点成线”。你还可以与同龄人分享，效果更佳。

标题：

※为你的成功/成长起一个标题（第10项）

※绘制成功/成长的过程曲线（第8项），对积极事件和消极事件进行语言描述和抽象化（第9项），并把它们和成功/成长绑定，在脑中留下深刻印象（第11、12项）

P

之前

之后
（新）

N

团体训练
——创造将压力转化为动力的空间

前面的训练要求你通过回忆，将压力的效果和自己的经历联系起来。但如果可以，请你试着与自己所处的团体分享这些“压力故事”，这样做一定能够带来更好的效果。

在组建团体或团队时，有几个关键点需要考虑。

❶ 这个团体必须由那些希望将压力转化为动力的人所组成

首先，**与其他希望将压力转化为动力的人建立联系**是很重要的。向志同道合者学习，更有利于你将压力转化为动力。团体中也可能有人对压力完全持否定态度，但没有关系，因为一个团队的成熟需要时间。当然这也增加了达到这种成熟度的难度。如果将有限的时间和注意力放在这样的人身上，可能会与“将压力转化为动力”的目标背道而驰。

因此，首先应该建立由同样想将压力转化为动力的人组成的团队。

❷ 接受压力反应的差异

过程中切记：每个人的压力反应是不同的。如果没有这个前提，团队成员之间就容易产生一种批判性的消极偏见，比如认为某人的压力反应“不对劲”或某人的想法“是错误的”。因此，组成团队时，一定要分享这样的共识：每个人的压力反应是不同的。并且，成员之间应该互相确认具有这样的观念：理解自己与别人的压力反应的差异，也是重要的学习机会。这样，团队里的每个人就可以通过多角度的学习理解这种差异，这样做其实也有助于从俯瞰的角度了解自己的思维方式的特点。

❸ 打造积极偏见环境

打造积极偏见环境意味着我们要让大脑充分利用平时较少使用的部位。因为日常生活中的消极偏见更容易调动大脑。为了做到这一点，我们要在听取别人意见后，**从“优点”“共鸣”“独特”和“学习”这四个角度出发，给予反馈**。比如，听完别人发言后，你要真诚地告诉对方你觉得“特别好”“有共鸣”的部分，对方就会产生积极的情绪，你们的对话会变得更加难忘。即便你的反馈有些模糊或者不够具体也没有关系。很多时候大脑无法很好地用语言表达这种“特别好”和“有共鸣”的感受，如果能够用语言来说明这些感受及它们从何而来，那么对于强化专门监测自我内部感觉的突显网络是很有帮助的。但是，即便无法清楚说明，也不用否定自己的能力，或者强迫自己一定要做出表达。一句“我说不好，但是感觉很棒”足以作为重要的信息分享。

另外，在这个场合，每个人分享的都是个人的压力体验，以及对压力的思考和感受，所以肯定存在差异。与其用“批判”的态度来对待这些“差异”，不如将它们视为“学习”。将这些差异表达为个性和独特性，有助于说话者客观认识自己与别人的差异。而说话者越是诚实地接受差异，就越能够从中学习。

④ 对分享失败和困难心存感激

团队成员拥有“对分享失败和困难心存感激”的团队/社区心态也非常重要。在许多教育环境或工作场所，失败往往会导致消极的评价。但为了化压力为动力，我们要做的是相反的事情。**对勇于分享“失败”的同伴应该表达“感谢”，因为他们是负面反馈的最大的攻击目标**。对于听众而言，这些“失败”实际上都是很好的学习机会。面对困难和压力时的状态最为脆弱，而分享者愿意表露自己的这种状态，这一点值得我们感激。同时，不要忘了互相提醒：挑战这种困难或压力有助于实现个人的成长。达到对这一观点的共鸣是非常重要的。如此，通过制造一个能够引发积极情绪和学习机会的环境能够将压力转化为动力，促进成长，培养一个更容易感到幸福的大脑。当然，这并不是唯一的办法，你可以参考上述训练的设计理念，结合自己的实际情况，做出一些变化。

⑤ 定期联系

最后，在创造环境方面还有一点非常重要，那就是要**定期安排团队互相分享经验**。拥有能够共享积极偏见的伙伴和环境，对于成长和获得幸福大有裨益。正如第 2 章中提及的那样，在一个能够提供心理安全感的地方，人们更愿意接受新的挑战和学习。

创建一个将压力转化为动力的团队，关键在于创造一个自己能够被接纳、失败也能够被接纳，所有人能够一起积极向前的避风港。创建这样的团队不是为了向每个成员传授应该做些什么之类的内容或者方针。

这并不是让大家询问“应该怎么做”的地方。一开始就顺利的事情，往往没有太大的价值。虽然不是一帆风顺，但周围的伙伴能够接纳你在不断尝试中遭遇的失败，为你加油鼓劲。他们提醒你失败也是一种学习机会，是走向成长的关键。身处于这样的环境中，人们才会主动学习，不断成长。正因为有这样能够接纳自己的环境，你才更有可能挑战自己，得到越来越多的机会学习新事物。一个心灵的避风港为成长提供了最好的驱动力。

因此，请一定要与志同道合的人一起，创建一个可以享受彼此成长和快乐的地方，互相支持，共同进步。

结　语

什么是“光明压力”？

“光明压力”就像黑暗中的一束光。对黑暗避之不及，这是人类大脑的天性，但即便发现自己置身于黑暗中，却仍然向光而行，并且对于寻找光明的冒险感到兴奋不已——只有“光明压力”才能让大脑进入这样的状态。

任何领域的先驱者都必定是能够将这种大脑能力发挥到极致的人。前文中我们也解释过，拥有这种大脑能力的人只是少数，这可以说是一种天赋。

然而，这种即使迷失在漆黑的山洞里也能依靠微弱的希望继续前进，最终找到一丝光亮的能力，也不是与生俱来的。

虽然它听起来像是动画片里的超级英雄才会拥有的超能力，但这种能力是可以后天培养的，每个人都可以拥有它。换句话说，**每个人都有机会成为超级英雄。**

但这并不意味着我们要成为别人的超级英雄，而是要成为自己的超级英雄。因为每个人都可以成为自我开发者。只有那些不断探索自身的可能性、不断进行自我冒险的人，才有可能成为别人的超级英雄。

因此，“光明压力”是能够为自己（而非为他人）步入未知世界，勇敢面对自己内心的黑暗（尽管对于别人来说并非黑暗），自己为自己点亮希望之光（而不依赖他人）的身体反应。

那些能够善用“光明压力”的人，能够将充满模糊和未知信息的 VUCA 时代作为学习的宝库，从他们漫无目的的好奇心中建立起一个新的世界和新的目标。

如果一个人能认识到未知的黑暗其实并非“黑暗”而是宝库，那么这个人的积极情绪被激发的概率就会大幅增长，幸福的感受也会扩大。

有的人即使被消极信息包围，也能关注积极信息，他们主动而不是被动地寻找快乐，能够对微不足道的小事，而不仅仅是对刺激性的信息产生积极的情绪反应。这样的人也能够为别人带来积极情绪，成为人们喜爱的对象，从而让自己获得更大的幸福。

与“光明压力”融洽相处是一种了不起的能力，它不仅能提高我们各方面的能力表现，也能让每个人的人生变得丰富多彩，提升我们的幸福感。

日本的美智子上皇后曾经说过：

“我们要培养的不是‘幸福的孩子’，而是‘无论在什么情况下都能幸福的孩子’。”

是的，能够善用“光明压力”的人不需要别人特地为他们安排那样的环境。即便在别人眼中，他们可能身处不幸，但在他们自己的眼中，黑暗世界里也有温暖的希望之光。

正如本书开头提到的，压力有点像看上去很凶的邻家大哥。通过本书，我希望读者们能够与压力进行深入的交流，对它有所改观，哪怕只有一点点。这样做，你会发现“压力”其实是一个可靠的伙伴，它也有人情味，有耿直的性情，充满吸引力。

这虽然不是一本专业书籍，但读起来也有难度，包含了大量的术语，所以我要感谢所有选择本书并读到最后的读者。

最后，我要感谢我的妻子和女儿。在写作的过程中，我也有许多遭受“黑暗压力”影响的时刻，多亏她们为我加油打气。还有我的父母和弟弟，我之所以能够自由享受由这漫无目的的好奇心所驱使的人生，全靠他们的支持和信任，由衷感谢他们所有人。

青砥瑞人

词汇表

从解剖学的角度来看，大脑的功能和作用是多种多样的。本词汇表着重介绍与本书内容有关的术语。

压力

本书指我们认定为“压力”的压力反应，也指大脑意识到体内或脑内无意识中已经发生压力反应的认知状态。

神经科学

自然科学的一个分支，涉及对神经系统（包括大脑）的研究。这是一门从微观和宏观层面探讨人类和其他动物的记忆、认知、情感和决策等重要课题的学科。近年来，通过与包括人工智能在内的其他学科合作，关于人类如何感知外部世界并与之互动的课题，神经科学提出了许多崭新的见解。

压力反应

它是人感到“压力”时的信号，指的是身体或大脑中发生的异常情况。简而言之，这是造成压力的直接原因。然而，即使压力反应在体内已经形成，如果我们没有察觉，那么就不能认为这是一种“有压力”的状态。

DNA

含有从父母那里继承的遗传信息的化学物质，也被称为“生命之书”。

RAS

网状激活系统，Reticular Activating System 的缩写。它接收来自全身的大量输入信息，并对它们进行分类和过滤。

神经核

位于作为神经细胞的主体的细胞体的中心，保存着 DNA 等遗传信息，并在神经细胞的新蛋白质合成中发挥着重要作用。

认知

意识到自我内部发生的反应的能力。例如，认知让我们能够注意到由于冲突而产生的压力反应，使我们能够从中学习，并有意识地避免长期的压力。

大脑边缘系统

位于大脑中央的结构。海马体和杏仁核也是边缘系统的一部分，这些结构主要负责掌控情绪和记忆。

记忆痕迹

在经历某事件后，特定的神经细胞变得活跃，在大脑中留下伴随物理性结构变化的痕迹。

前扣带回皮质

Anterior Cingulate Cortex，缩写为ACC。负责错误检测。例如，确认脑中已经建立的信息是否有误。在察觉不对劲或进入冲突的状态下会变得活跃。

消极偏见

人们的认知偏差之一。其特点是倾向于优先考虑我们的注意力所指向的消极的对象，而非积极的对象。

突显网络

由前扣带回皮质（ACC）和前脑岛（AI）负责的大脑神经网络，具有“察觉”体内反应的重要功能，并且在“默认模式网络”和“中央执行网络”的互相切换中发挥作用，前者即使在无意识的情况下也会自动处理信息并发出指令，后者则在主动意识介入的情况下活跃。

用进废退（Use it or Lose it）

神经细胞用了就会连接，不用就会消失。神经科学的关键原则之一，经常被用来描述神经的可塑性（神经细胞是可变的）。更确切地说是连接神经细胞的突触结构，如果有关神经细胞被使用，它们就会连接起来，否则就会消失，而不是维持原状。

神经细胞

组成神经系统的基本单位。由细胞体、树突和轴突组成，在信息处理和传输方面具有专门的功能。据估计，人脑中大约有1000亿个神经细胞。

突触

Synapse，是发送信号的神经细胞和接收信号的神经细胞之间的接合部位。当前者释放神经递质并由后者接收时，信息就会被传送。

突触修剪

经常使用的突触得到加强，而不太使用的突触则会消失。人们推测这种现象的发生是为了减少大脑中能量的浪费。

Well-being

这个词指的是自己能够充分和持续地感受到幸福的状态。通过察觉生活中的小幸福，或者回忆和体会过去的幸福经验，主动建立起Well-being的状态。这是生活在VUCA时代不可或缺的重要概念。

海马体

主要掌管情景记忆和空间感。它是大脑边缘系统的一部分。

情景记忆

陈述性记忆的一种形式（其内容可以在意识中以图像或语言的形式被回忆起来，并可以被陈述），是与个人经历的事件有关的记忆。

杏仁核

处于大脑颞叶内侧和海马体靠内侧前方的位置，是一对左右对称的杏仁状器官。杏仁核会因焦虑和恐惧而被激活，对于此类情绪有极大影响。此外，它还能储存情绪记忆。

情绪记忆

也称情绪反应记忆，是与情绪有关的记忆，如喜悦、愤怒、悲伤和快乐，主要储存在杏仁核中。这意味着大脑不只记忆事件，而且记录当时的情绪信息。

受体

负责从体内化学物质接收信息的结构。它具有特殊的立体结构，可以接收化学物质发送给它的信号。

压力源

可能导致压力反应的信息或刺激。压力的间接来源，可分为外因性压力源和内因性压力源。

外因性压力源

因五官感受而造成的压力源，分为物理性压力源和化学性压力源。

内因性压力源

一种来自自我内部的压力源。例如，当我们回忆起被上司大声斥责的情景，就会产生压力反应。可以分为生物性压力源和心理性压力源。

皮质醇

一种肾上腺皮质产生的糖皮质激素。它作用于全身各器官，影响碳水化合物、脂肪和蛋白质的代谢，提高血糖水平，减少体内的炎症和过敏反应。然而，过度的压力会导致这些新陈代谢的不平衡，对身体和精神产生不利影响。

脱氢表雄酮（DHEA）

一种压力激素。它通过作用于神经生长因子（NGFs），防止神经细胞死亡，并且促进神经新生，有助于维护神经回路。

自主神经

不受自我意志控制的神经系统，主管消化和血流等重要生命机能，包括交感神经和副交感神经。

交感神经

自主神经之一。负责“战斗或逃跑”的神经系统。它能够加速心跳，使血液循环到全身并促进葡萄糖等能量向身体其他部位输送，并且扩张膀胱以防止排尿。

内稳态

身体或大脑因外部刺激或环境变化而发生暂时变化后，会自动试图恢复原状。这是生物与生俱来的属性之一。

物理性压力源

通过触觉、视觉和听觉接收的压力源，如接触、寒冷刺激、疼痛信号，以及光线和声音。

化学性压力源

对味觉或嗅觉造成刺激的化学分子构成的压力源。

生物性压力源

由炎症、感染或饥饿引发的压力反应。

心理性压力源

内因性压力源的一种，导致如焦虑、担心等因回忆而产生的消极情绪。

去甲肾上腺素

一种神经递质。当交感神经系统诱发“战斗或逃跑”反应时，就会释放去甲肾上腺素。它还可以通过使身体在承受压力时处于兴奋状态来提高生产力和运动能力。

安慰剂效应

通过施用一种药理上完全无效的药物而得到有效的治疗效果。也引申为因强大的信念而实现了理论上不可能发生的现象或结果。

思维模式

对事物的基本思考方式。如果我们说“拥有某种思维模式”，指的就是提醒自己要时刻秉持某种想法；而如果我们说“使大脑成为某种思维模式”，则是指大脑默认已经处于这种思维方式的状态。

中央执行网络

主要由dlPFC和后侧顶叶所控制的神经网络系统。它是大脑的指挥中心。当我们有意识地关注某事物或进行思考时，就需要运用中央执行网络。

默认模式网络

以vmPFC和PCC为中心的神经网络。与我们的记忆有着深刻的关系，当我们关注有关自我的信息时，默认模式网络就会变得十分活跃，因此它是让大脑根据我们对经历的记忆来指导行为和判断决策的神经网络。

长期记忆

保留时间超过一年以上的记忆。它被认为在存储位置和处理机制方面与短期记忆不同。大致可分为陈述性记忆（情景记忆、意义记忆）和非陈述性记忆（程序性记忆、初始化效应等）。

神经回路

一种网络结构，其中大量的神经细胞通过突触相互连接。最初由基因编程形成，然后根据神经活动重组为成熟的回路。神经回路在人们成年后仍有可能改变。

同时受到刺激的神经细胞会串联在一起

Neurons that fire together wire together。神经科学的关键原则之一，也是一个著名的术语，除了用于说明“赫布律”，也用于解释心理学中的巴甫洛夫原理。

心理安全感

能够在没有恐惧或焦虑的情况下思考和行动的状态。当心理安全得不到保证时，杏仁核的活动就变得亢进，而前额叶皮质的功能就会减退，这反过来又增加了情绪反应和不理想行为出现的可能性。

肾上腺皮质

位于肾上腺周围的部分（肾脏上方的一个小组织）。人体通过分泌肾上腺皮质激素来调节压力反应。

PFC/dlPFC/rlPFC /vmPFC

前额叶皮质，英文全称为 Prefrontal Cortex。PFC 被进一步细分为更小的区域，前缀 dl、rl 和 vm 用于各个细部。d 代表背侧，v 代表腹侧，l 代表外侧，m 代表内侧，r 代表前侧。因此，dlPFC 为背外侧前额叶皮质，rlPFC 为前侧外侧前额叶皮质，vmPFC 为腹内侧前额叶皮质。dlPFC 主要负责有意识的注意力和思考，rlPFC 主要负责模式学习和认知，vmPFC 主要负责瞬时判断和一部分默认模式网络。

贴标签

英文为 Labeling。在本书中指将非语言的概念语言化的行为。

预测值落差/期待值落差

基于过去的经验和记忆，自觉或不自觉地设置的奖励预测和期望值，与实际获得的奖励之间的差距。这种差距很可能会作为心理性压力源，引发压力反应。

价值记忆

对伴随感受和情绪的经验产生强烈的模式化记忆。主要表现为在 vmPFC 产生的强烈反应。能够形成个人的价值观，对情绪、思维和行为的发生都具有重大的影响。

奖励偏差

当我们为某人做了某事后，就会很容易期望得到回报。如果这种反应变得过于强烈，就会阻碍我们保持健康的奉献精神，并且有损于与他人的信任关系。

β-内啡肽

在大脑中合成的一种类似吗啡的快

乐物质。它的镇痛效果是吗啡的数倍，并具有提升兴奋度和幸福感的作用。β－内啡肽能够抑制伏隔核（NAc），从而使伏隔核无法阻止腹侧被盖区（VTA）释放多巴胺，因此大脑能够维持持续分泌多巴胺的状态。在吃喜欢的食物、听喜欢的音乐或身处于愉悦的环境时，大脑都会合成更多的β－内啡肽。

血清素

一种神经递质，在人放松或心情平静时容易释放。它深度参与情绪控制和精神稳定，如缺乏则会导致压力障碍、抑郁症和睡眠障碍等疾病。

副交感神经

自主神经系统的一部分，主导“休息”或“消化”活动，对人体的能量储备非常重要。

催产素

被称为“爱情激素”“爱的分子”“拥抱激素”的神经递质。当我们拥抱某人时，大脑中的脑垂体就会释放催产素。这是一种重要的化学物质，它使我们感受到人与人之间的亲近感或距离感。

脑垂体

控制各种激素运作的区域。脑垂体前侧会释放促肾上腺皮质激素，诱使肾上腺皮质释放压力激素。

认知偏见

由自己的“想当然”和周围环境的影响所造成的思维上和判断上的偏见。

多巴胺

主要指由腹侧被盖区（VTA）和黑质释放的神经递质。它对我们的行为动机有重大影响，因为当我们追求或关注某事物时，身体就会释放多巴胺。它在学习中也发挥着重要作用，已有研究观测到它能加强神经细胞的记忆能力。

AI

前脑岛，Anterior Insula 的缩写。是负责加工躯体内部感官功能的关键脑区，是自我信息加工中的核心脑区。

元认知

英文是 Metacognition，正如 Meta（高次元的）这个词所指的，它是一个人对自我认知方式的进一步认知。换句话说，就是要知道自己是如何思考、感受、记忆、判断的。

儿茶酚胺

一种压力激素，包括去甲肾上腺素和多巴胺。当血液水平高时，它们会增加心脏跳动，增加流向骨骼肌的血液，并可能与交感神经系统共同发挥作用以提高人体各方面的能力。

○ 神经生长因子（NGF）

一种有助于神经细胞分裂和生长的蛋白质；同时具有增强免疫系统和调节身体和精神健康的功能。

○ 神经新生

新的神经细胞的诞生。长期以来，人们一直认为神经新生在人成年后不会发生，但最近的研究证实，海马体等部位在人成年后仍会持续进行神经新生。

○ VUCA

这是一个由变动性（Volatility）、不确定性（Uncertainty）、复杂性（Complexity）和模糊性（Ambiguity）等首字母组成的术语，象征着现代社会，一切都在快速变化，新事物不断出现。人们认为，开发接受和享受这些元素的人力资源和心态很重要。

○ 感觉神经

末梢神经系统的一部分，是将身体和内部器官的感觉，以及来自外部的信息传递给中枢神经的神经系统的总称，包括大脑和脊髓。

○ 意义记忆

陈述性记忆的一种形式（其内容可以在意识中以图像或语言的形式被回忆起来，并可以被陈述）。例如对词汇的意义、一般性的知识和常识等的记忆。背诵时所记忆的信息就是被储存于意义记忆中的。

○ 程序性记忆（非陈述性记忆）

一种无须思考即可获得或再现的长期记忆，如运动技能。

○ 轴突

神经细胞的投射状结构。通常有一根特别粗，电流信号正是通过它进行传导的。

○ 髓鞘

包裹轴突的膜。当同一个神经细胞反复被使用时，髓鞘会变厚。髓鞘是绝缘体，越厚越可减少轴突漏电的概率，增加信息传导的效率。

○ 绝缘体

一种电流极难通过的物质。覆盖在神经细胞轴突上的髓鞘是一种绝缘体，人们认为较厚的髓鞘会增加信息传导的概率，从而使大脑的信息处理更加节能。

○ 树突

神经细胞上的树枝状突起。通常数量非常多，接收来自其他细胞的信息。收到的信息被整合并传输到细胞体。

○ 细胞体

除去发送信号的突起部分后，剩下的神经细胞部分，即细胞核所在的神经细胞本体。

神经递质

从传递信息的神经细胞释放到突触的化学物质。接收信息的细胞会被其激发亢奋或抑制的反应。去甲肾上腺素、血清素和多巴胺都属于神经递质。

能够进行长期记忆的神经细胞

指构成特定神经回路的神经细胞。这些神经细胞被反复多次使用，信息传导的效率得到极大提高。

VTA

腹侧被盖区，Ventral Tegmental Area 的缩写。负责向大脑边缘系统和大脑皮质提供多巴胺，对动机、认知功能和行为有重大影响。

内源性大麻素

类似于大麻的内源性快乐物质。大麻素有许多种，本书介绍的内源性大麻素是其中一种。它能够通过运动得以释放，从而为大脑带来愉悦感，缓解压力。目前，学界正在研究其与“跑者愉悦感”等现象的关系。

伏隔核（NAc）

Nucleus Accumbens 的缩写。负责快乐和愉快的反应。能够对腹侧被盖区（VTA）释放名为 GABA 的抑制性递质，抑制多巴胺分泌。

固定型心态

这种心态认为人的能力是固定的，不会随着努力或经验的改变而改变。

额叶

大脑皮质大致可分为额叶、枕叶、顶叶和颞叶。其中，额叶位于前部。灵长类动物的这部分大脑区域进化十分明显，主要负责高层次的运动和认知活动。

PCC

后扣带皮质，Posterior Cingulate Cortex 的缩写。在解剖学上与 ACC 相连并位于 ACC 后方。作为默认模式网络的一部分，它与海马体相连，在记忆处理中发挥重要作用。

大脑“模式学习”

大脑试图为经验和知识的记忆寻找规则和普遍性的一种现象。近年来的研究表明，模式学习在海马体的后侧到前侧发生，越靠近海马体前侧，抽象化的程度越高，记忆越深刻。

记忆驱动

以过去的经历、记忆和行为举止作为感受、思考、决策和行动的依据。

结果驱动

当知道某一结果会实现时产生的，由对结果的预期奖励所引发的动机。

过程驱动

一种在努力或挑战的过程中而不是在结果中找到价值和意义的思维方式。培养一个过程驱动的大脑能够让我们更积极地接受结果存在不确定性和模糊性的挑战。

成长型思维模式（Growth Mindset）

一个人的能力和智力是可变的，可以通过努力和经验得到发展。

邓宁－克鲁格效应

通常被称为“优越感错觉”，即能力较差的人对自己的行为和外表的评价往往高于他们的实际情况。

不确定性引导的

意指“受不确定因素驱动的”。近年来的研究表明，大脑的额叶部分在不确定性引导的探索性行为中起到极为重要的作用。

级联模型

表现前额叶皮质层次结构的模型，英文为 Cascade Model。Cascade 的意思是一连串的小瀑布。换句话说，级联是一种结构，其中几个相同的事物以串珠的方式连接在一起，也可以指事物以连锁性或阶段性的方式发生。级联在这里用于描述层次结构，其中前额叶皮质的前部比后部处理信息的水平更高。

连点成线

原文为 connecting the dots，意思是“将点连接成线”，引申为“创新的概念是通过连接有意义的数据和信息（点）而诞生的”。这一概念由苹果公司创始人史蒂夫·乔布斯在斯坦福大学毕业典礼的演讲中提出。在本书中，它指的是以俯瞰的方式，在自己的经验中连接重要信息。

参考文献

[1] FARAGUNA, FERRUCCI, GIORGI, FORNAI. Editorial: the functional anatomy of the reticular formation[J]. Frontiers in neuroanatomy, 2019:13, 55.

[2] WILLIS. Research-Based strategies to ignite student learning: insights from a neurologist and classroom teacher[M]. Alexandria: Assn for Supervision and Curriculum Development.

[3] BUSH, VOGT, HOLMES, DALE, et al. Dorsal anterior cingulate cortex: a role in reward-based decision making[J]. Proceedings of the national academy of sciences of the United States of America, 2002, 99(1):523-528.

[4] HANSON. Hardwiring happiness: the new brain science of contentment, calm, and confidence[M]. New York: Harmony Books.

[5] LOTTO. Deviate: the science of seeing differently[M]. London: Weidenfeld & Nicolson, 2017.

[6] CHONG, NG, LEE, et al. Salience network connectivity in the insula is associated with individual differences in interoceptive accuracy[J]. Brain structure & function, 2017, 222(4):1635-1644.

[7] LAMPRECHT, LEDOUX. Structural plasticity and memory[J]. Nature reviews neuroscience, 2004, 5(1):45-54.

[8] MALVAEZ, SHIEH, MURPHY, et al. Distinct cortical-amygdala projections drive reward value encoding and retrieval[J]. Nature neuroscience, 2019, 22(5): 762-769.

[9] JOEËLS, BARAM. The neuro-symphony of stress[J]. Nature reviews neuroscience, 2009, 10(6):459-466.

[10] SCHMID, WILSON, RANKIN. Habituation mechanisms and their impor-

tance for cognitive function [J]. Frontiers in integrative neuroscience, 2015, 8:97.

[11] 田中正敏.压力的脑科学:看见预防的启示[M].东京都:讲谈社.

[12] MOICA, GLIGOR, MOICA. The relationship between cortisol and the hippocampal volume in depressed patients-a MRI pilot study[J]. Procedia technology, 2016, 22:1106-1112.

[13] CRUM, SALOVEY, ACHOR. Rethinking stress: the role of mindsets in determining the stress response [J]. Journal of personality and social psychology, 2013, 104(4):716-733.

[14] PANERI, GREGORIOU. Top-down control of visual attention by the prefrontal cortex[J]. Functional specialization and long-range interactions [J]. Frontiers in neuroscience, 2017, 11: 545.

[15] ARNSTEN. Stress signalling pathways that impair prefrontal cortex structure and function[J]. Nature reviews neuroscience, 2009, 10(6): 410-422.

[16] SEKERES, WINOCUR, MOSCOVITCH. The hippocampusand related neocortical structures in memory transformation[J]. Neuroscience letters, 2018, 680: 39-53.

[17] 阿伦·克莱恩.笑的治愈力[M].东京:创元社.

[18] BENEDETTI, MAYBERG, WAGER, et al. Neurobiological mechanisms of the placebo effect[J]. The journal of neuroscience: the official journal of the society for neuroscience, 2005, 25(45): 10390-10402.

[19] JEONG, HONG, LEE, et al. Dance movement therapy improves emotional responses and modulates neurohormones in adolescents with mild depression [J]. International journal of neuroscience, 2005, 115(12): 1711-1720.

[20] HEIJNEN, HOMMEL, KIBELE, et al. Neuromodulation of aerobic exercise-a review[J]. Frontiers in psychology, 2016, 6:1890.

[21] HEIJNEN, HOMMEL, KIBELE, et al. Neuromodulation of aerobic

exercise-a review[J]. Frontiers in psychology, 2016, 6:1890.

[22] GRAČANIN, BYLSMA, VINGERHOETS. Is crying a self-soothing behavior? [J]. Frontiers in psychology, 2014, 5:502.

[23] BAUMGARTNER, HEINRICHS, VONLANTHEN, et al. Oxytocin shapes the neural circuitry of trust and trust adaptation in humans[J]. Neuron, 2008, 58(4):639-650.

[24] PAVULURI, MAY. I feel, therefore, i am: the insula and its role in human emotion, cognition and the sensory-motor system [J]. AIMS neuroscience, 2015, 2(1):18-27.

[25] LAZARIDIS, CHARALAMPOPOULOS, ALEXAKI, et al. Neurosteroid dehydroepiandrosterone interacts withnerve growth factor (NGF) receptors, preventing neuronal apoptosis[J]. PLoS biology, 2011, 9(4):e1001051.

[26] CAMINA, GUÜELL. The neuroanatomical, neurophysiological and psychological basis of memory: current models and their origins[J]. Frontiers in pharmacology, 2017, 8:438.

[27] TOMASSY, DERSHOWITZ, ARLOTTA. Diversity matters: a revised guide to myelination[J]. Trends in cell biology, 2016, 26(2):135-147.

[28] LAMPRECHT, LEDOUX. Structural plasticity and memory [J]. Nature reviews neuroscience, 2004, 5(1):45-54.

[29] ARNSTEN. Stress signalling pathways that impair prefrontalcortex structure and function [J]. Nature reviews. neuroscience, 2009, 10(6):410-422.

[30] ARNSTEN. Stress signalling pathways that impair prefrontalcortex structure and function[J]. Nature reviews neuroscience, 2009, 10(6):410-422.

[31] ARNSTEN. Stress signalling pathways that impair prefrontalcortex structure and function[J]. Nature reviews neuroscience, 2009, 10(6):410-422.

[32] SALAMONE, YOHN, LÓPEZ-CRUZ, et al. Activational and effort-related aspects of motivation: neural mechanisms and implications for psychopathology[J]. Brain: a journal of neurology, 2016, 139(5): 1325-1347.

[33] FOLKES, BÁLDI, KONDEV, et al. An endocannabinoid-regulated basolateral amygdala-nucleus accumbens circuit modulates sociability [J]. The journal of clinical investigation, 2020, 130(4):1728-1742.

[34] LAZARIDIS, CHARALAMPOPOULOS, ALEXAKI, et al. Neurosteroid dehydroepiandrosterone interacts with nerve growth factor (NGF) receptors, preventing neuronal apoptosis[J]. PLoS biology, 2011, 9(4):e1001051.

[35] KAMIN, KERTES. Cortisol and DHEA in development and psychopathology [J]. Hormones and behavior, 2017, 89:69-85.

[36] SALAMONE, YOHN, LÓPEZ-CRUZ, et al. Activational and effort-related aspects of motivation: neural mechanisms and implications for psychopathology[J]. Brain: a journal of neurology, 2016, 139(5): 1325-1347.

[37] DWECK C. Mindset: the new psychology of success[M]. New York: Ballantine Books, 2007.

[38] DWECK C. Mindset: the new psychology of success[M]. New York: Ballantine Books, 2007.

[39] BUSH, POSNER. Cognitive and emotional influences in anterior cingulate cortex[J]. Trends in cognitive sciences, 2000, 4(6):215-222.

[40] SEKERES, MOSCOVITCH. The hippocampus and related neocortical structures in memory transformation[J]. Neuroscience letters, 2018, 680:39-53.

[41] WEILBÄCHER, GLUTH. The interplay of hippocampus and ventromedial prefrontal cortex in memory-based decision making[J]. Brain sciences, 2016, 7(1):4.

[42] REDONDO, KIM, ARONS, et al. Bidirectional switch of the valence associated with ahippocampal contextual memory engram [J]. Nature, 2014, 513(7518):426-430.

[43] BADRE, DOLL, LONG, et al. Rostrolateral prefrontal cortex and individual differences in uncertainty-driven exploration [J]. Neuron, 2012, 73(3):595-607.

[44] ALEXANDER, BROWN. Frontal cortex function asderived from hierarchical predictive coding[J]. Scientific reports, 2018, 8(1):3843.

[45] MOHR, BIELE, HEEKEREN. Neural processing of risk[J]. The journal of neuroscience: the official journal of the society for neuroscience, 2010, 30(19):6613-6619.

附　录

变压力为“武器”的练习册

最后将本书中介绍的练习和训练汇编成册。这是实际上用于教育和企业培训中的练习册。希望你能把它作为一种工具，顺利地把压力变成自己的“武器”。

练习 1 将日常生活中那些微小的积极信息刻印在脑中

注意以下几点，找出出现在日常生活中或自然中的微小的积极信息，并且给自己留出“空间”细细品味它们。

1. 所谓自然，指的是动植物、人和风景等。
2. 不要依赖像旅行这样的环境变化，要在日常生活中进行练习。
3. 关注细微的反应，而不是让你心情剧烈起伏的积极情绪。
4. 留一些“空间”，感受那个瞬间的舒适，并且关注享受这个“空间”的自己，意识到这个状态的存在是非常重要的。
5. 稍微闭一会儿眼睛，立刻在脑中重现这种积极的感觉。

练习 2 将压力的效果转化为语言的步骤

注意以下几点，尝试写一个故事。

1. 在迄今为止的人生中，你曾经在承受巨大压力的状态下获得过什么样的成就？
2. 实现那个成就的瞬间你有什么感受？
3. 在此过程中有什么困难、挑战和压力？
4. 在那样的压力之下，你为什么还能坚持前进？有人帮助你吗？
5. 最后作为故事的结尾，请向这一系列的困难、挑战、压力、不放弃的自己和给予帮助的人说一声“谢谢”。

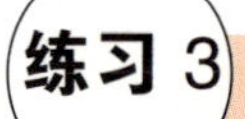

创造压力反应产生时的“惯例”

注意下列重点，创造属于你自己的“惯例”，并且重复执行。

1. 必须是有独特性的动作。
2. 推荐选择刚开始时不需要花太多时间就能记住的简单动作。
3. 做动作的同时在心中默念能够让自己对压力保持积极心态的话，如“感谢压力让我成长”。
4. 只需每天 10 秒钟，但要坚持。
5. 必须真心诚意。
6. 坚持在感受到压力时执行这个“惯例”。

练习 4 重新认识“心理安全感”

注意以下几个重点，用语言描述能够给你带来心理安全感的事物，并尝试在脑中想象。

1. 从“人”“场所”“做……的时候”三方面出发，写出能够为你带来心理安全感的事物。如果以前不曾注意身边是否有这样的事物，那么你可以设想一下新的可能性，比如希望什么样的事物能够成为你的心理上的避风港。
2. “人”“场所”“做……的时候”为什么会让你感到安心呢？请写下答案。
3. 用语言表达对“人”“场所”“做……的时候”的感谢之情。

练习5 “发现”与“放下”压力源的步骤

请按照下列顺序，用语言表达你所感受到的压力，通过贴标签或思考应对方法，练习“放下”压力。

1. 你现在感到的压力从何而来？即便只是小事也无妨，把它们全部写下来。
2. 观察每一个你写下的压力源，可以给它们贴上“没什么大不了”的标签，或者思考明确的对应方法，也可以告诉自己“烦恼也没用”，学会对它们放手。“放下”压力是重点，没有必要非得解决问题不可。
3. 仔细体会“发现”与“放下”压力源之后恢复平静的感觉。

如何察觉无意中的期待

按照以下步骤，从最近的日常生活中找出“无意中的期待”。

❶ 最近与别人交流时，你是否有过生气或焦躁的情绪？请写在纸上。

❷ 当时你对于对方抱有什么样的期待或想法？请写下来。

❸ 客观地思考刚才写下的内容。如果你觉得其实只是件小事，那就贴上“没什么大不了”的标签，然后放手；如果你认为原因在于沟通不足，那么就写下你认为的调整期待值的方法。

练习 7 审视价值观的四种方法

回想下列四件事物，确认自己的价值观。

❶ 愤怒的经验

最近有什么事令你感到异常愤怒吗？当时你对对方有什么要求（期待）呢？为什么会有这样的要求（期待）呢？原因一定与你的某个重要的价值观有着密切的关系。请试着回忆，你是因为觉得什么很重要，才会如此愤怒呢？

❷ 感动的作品

什么样的作品（电影或书籍等）会让你感动？是关于亲情、兄弟之情、友情，还是关于正义的？在那部作品中，一定有令你震撼的情节，它必定触动了你内心的某份重要的情感，想一想那是什么呢？

③ 欣赏的名言

你最欣赏的名言是什么？如果一时想不到，可以上网搜索。让你醍醐灌顶或福至心灵的名言是哪一句呢？那句话一定让你联想到了某段珍贵的经历吧?!

④ 尊敬的人物

你最尊敬的人是谁呢？你对那个人抱有什么样的憧憬之情？那份憧憬一定反映了你的某个理想、某个愿望，它们也必定与你的价值观一脉相承。

让你感到放松和心情舒畅的事物

请仔细回想自己感到“放松和心情舒畅”的瞬间，尽量把相关的物、事、人、动物、地点、时间和姿势等写下来，即便微不足道也无妨。针对每个项目写下“与自己的距离”（A：1～10分）和“接触频率”（I：1～10分）。

序号	Relax 和 Refresh 类	A（1～10）	I（1～10）	序号	Relax 和 Refresh 类	A（1～10）	I（1～10）
1				11			
2				12			
3				13			
4				14			
5				15			
6				16			
7				17			
8				18			
9				19			
10				20			

让你觉得有趣的事物、爱好

请仔细回想自己感到“有趣和想当成兴趣”的瞬间，尽量把相关的物、事、人、动物、地点、时间和姿势等写下来，即便微不足道也无妨。针对每个项目写下“与自己的距离”（A：1～10分）和“接触频率”（I：1～10分）。

序号	Fun和Hobby类	A（1～10）	I（1～10）	序号	Fun和Hobby类	A（1～10）	I（1～10）
1				11			
2				12			
3				13			
4				14			
5				15			
6				16			
7				17			
8				18			
9				19			
10				20			

让你感到爱和关怀的事物

请仔细回想自己感到“深爱对方”或让你感到“被对方爱着”的瞬间。尽量把相关的物、事、人、动物、地点、时间和姿势等写下来，即便微不足道也无妨。针对每个项目写下“与自己的距离”（A：1～10分）和“接触频率”（I：1～10分）。

序号	Love 和 Care 类	A （1～10）	I （1～10）	序号	Love 和 Care 类	A （1～10）	I （1～10）
1				11			
2				12			
3				13			
4				14			
5				15			
6				16			
7				17			
8				18			
9				19			
10				20			

成长型思维模式训练

——全面加强“过程驱动脑”“弹性脑”“成长驱动脑”和“希望脑”

❶ 设定回顾的时间段

首先设定一个**回顾的**时间段。(例如，大学四年、入职公司的头四年、进入新部门的第一年、本年度、本季度……)

❷ 写出获得了什么样的成功和成长

在表1的“什么样的成功/成长”一列中简要地填入三项成功和六项成长。

❸ 写下“起点”和“终点”

在表1的**“之前”**和**“之后”**两列中，写出该成功和成长经历在**“起点”**和**“终点”**(或现在)时的具体状态。

❹ 得分

为这些成功和成长体验中所感受到的“快乐程度”和“困难程度”给出1~10的分数，把两个分数相加填入**“总分”一列**。

❺ 选择得分最高的项目

完成以上对成功和成长的俯瞰之后，选择“总分”最高的项目，以备用于下一个练习。

❻ 写下所选成功/成长过程中发生的具体事件

在表2中，按照你能记得的顺序，详细写下“何时”发生，“具体发生了什么”。

❼ 以相对的和俯瞰的视角，评价所选成功/成长过程中的情绪

表2中的**“P”**和**“N”**分别代表**“积极”(Positive)**和**“消极”(Negtive)**，用以评价这些事件。用1~5的相对量表给它们**的“强度”**打分。强烈的情绪波动为5，微弱的为1。然后，在**“象征的情绪”**

一列写下当时的感受。

⑧ 连接成功/成长过程中迂回曲折的经历

参照表2标明每次事件的大致时间线（横轴）和P、N分数（纵轴），并且将这些分数的标记连接起来，绘制成功/成长曲线。

⑨ 将成功/成长过程中的事件抽象化

用一句话简要地描述每个点所代表的事件，并写出当时的“**象征的情绪**”。

⑩ 为成功/成长故事起标题

给这张成功/成长曲线图起一个标题。

⑪ 将成功/成长的积极轨迹刻印在脑中

回想在成功/成长过程的终点自己曾经感受到的喜悦，同时也要回想过程中发生的各种积极的事件。

⑫ 将成功/成长的消极轨迹刻印在大脑中

回想在成功/成长过程的终点自己曾经感受到的喜悦，但这一次，同时你要回忆的是这个过程中发生的众多消极事件。

表1　成功和成长的俯瞰表

成功经验	什么样的成功（简要）	之前	之后	快乐程度	困难程度	总分
1						
2						
3						
4						
5						

（续）

成长经验	什么样的成长（简要）	之前	之后	快乐程度	困难程度	总分
1						
2						
3						
4						
5						
6						
7						
8						
9						
10						

表2　经验的俯瞰表

大约何时	具体发生了什么	P 或 N	强度	象征的情绪

标题：

※为你的成功/成长起一个标题（第10项）

※绘制成功/成长的过程曲线（第8项），对积极事件和消极事件进行语言描述和抽象化（第9项），并把它们和成功/成长绑定，在脑中留下深刻印象（第11、12项）

P

之前

之后
（新）

N